시니어모델 워킹 바이블

패션모델처럼 걷고 입고 생각하는 법

SENIOR MODEL

시니어모델 워킹 바이블

패션모델처럼 **걷고 입고 생각**하는 법

주윤 지음

100세 시대,

'인생 2막의 주인공'은 바로

당신입니다.

PREFACE
머리말

그레이 르네상스,
시니어모델 부활의 날갯짓이 시작되었다

전 세계가 고령화사회에 빠르게 진입하고 우리나라도 2018년부터 초고령사회에 접어들었다. 시니어 인구가 증가하면서 시니어 관련 산업도 급속도로 성장했으며 그들의 라이프스타일도 빠르게 변화하고 있다. 이미 2015년부터 해외 명품 브랜드 '에트로', '베트멍', '돌체&가바나' 등은 패션쇼나 캠페인 광고 전면에 60세 이상의 시니어모델을 기용하여 마케팅에 활용하면서 대중의 관심과 사랑을 받은 적이 있다. 이러한 흐름이 세계적인 시니어모델 열풍으로 번져나갔던 것이다.

이제는 검색창에 '시니어모델'이라는 단어를 검색하면 엄청나게 많은 사진과 기사들이 쏟아진다. 시니어모델 오디션에 수천 명이 지원하는 등 열기가 젊은 모델 못지않게 뜨겁다. 오늘날의 시니어들은 강력한 구매력을 가지고 과거에 노인이 가지고 있던 이미지가 아닌, 닮고 싶은 모습으로 인식되고 있다. 과거 노인이 돌봄의 대상이었다면, 오늘날의 시니어들은 삶의 주체로서 독립적인 생활을 하고 자신에 대한 투자를 아끼지 않으며 건강, 문화, 여가, 성형, 패션, 예술에 관심을 가지고 적극적으로 노년기의 멋진 라이프스타일을 가꾸어나가고 있다. 젊은 사람들이 닮고 싶은 동경의 대상으로 바뀌고 있는 것이다. 시니어모델 등장은, 사회 패러다임이 변화라고도 할 수 있다.

최근에는 시니어모델 양성을 위한 강좌가 대학, 아카데미, 문화센터, 각종 교육시설에 개설되고 있으며 이러한 교육의 수요가 꾸준히 증가하고 있다. 이러한

현실에도 불구하고, 시니어모델 관련 전문 프로그램이나 이론 및 실기를 위한 자료와 같은 교육 콘텐츠가 전무한 실정이었다. 현장에 있는 지도자들마저도 시니어모델에게 맞는 체계적인 교본 한 권 없는 실정에 안타까움을 느끼고 있던 차였다. 따라서 이 책은 전문성을 갖춘 교육에 목말라 하던 시니어들에게, 모델에 대한 이론과 실기를 체계적으로 제공하기 위한 결과물이라고 할 수 있다. 또 시니어들이 내용을 조금 더 쉽게 이해할 수 있도록 구체적인 설명과 함께 예술성 있는 일러스트를 곁들여 단계별로 내용을 마스터할 수 있도록 구성하였다. 이 한 권이 시니어모델 교육의 터닝 포인트가 될 수 있으리라 기대된다.

국내 최초로 시니어모델 교재가 나올 수 있도록 애써주신 분들께 감사의 인사를 전하고 싶다. 책이 나올 수 있도록 배려해주신 출판사 여러분과 지면이 더 아름답고 우아해지도록 일러스트를 그려주신 이수민 교수님, 김보람 씨에게 감사드린다. 나의 영원한 모델계 스승이자 은사이신 김동수 교수님, 언제나 아낌없는 조언을 해주시고 용기와 희망을 품게 해주시는 김혜경 학장님께도 감사를 표한다. (사)아시아시니어모델협회 고문님들, 이사님, 회원님들에게도 이 자리를 빌려 감사드리며, 삶의 멘토인 서희 원장님께도 감사하는 마음을 전하고 싶다.

마지막으로 항상 내가 잘되라고 기도해주시는 부모님께 가장 큰 사랑과 고마움을 전하며, 이 모든 영광을 바친다.

2020년 10월

주윤(유경빈)

CONTENTS
차 례

CHAPTER 1

시니어모델, 그레이 르네상스

1 시니어 모델

시니어모델(Senior model)이란 '시니어'와 '모델'의 합성어이다. 아시아시니어모델협회가 정의하는 시니어모델의 연령은 55세 이상이며, 55세 미만부터 40세까지는 예비 시니어모델로 정의한다. 이들은 패션쇼나 촬영 등에서 모델로 활동하게 된다. 최근 새로운 트렌드로 떠오른 신조어인 액티브 시니어(active senior)는 미국 시카고대학 심리학과의 교수 버니스 뉴가튼(Bernice Neugarten, 1916~2001)이 '오늘의 노인은 어제의 노인과 다르다'라고 해석하며 만들어낸 단어이다. 액티브 시니어들은 자신이 실제 나이보다 5~10년 가까이 젊다고 생각하며, 적극적이고 도전적인 경향이 있다.

예전부터 브랜드 광고, CF, 잡지 표지, 컬렉션 무대, TV, 홈쇼핑 등 시대에 따라 국내외를 막론하고 몇몇 시니어모델이 활동해왔다. 따라서 나라마다 시니어모델의 정의에 이견이 있을 수 있으며, 최초의 시니어모델과 역사를 통일하거나 구분 짓기란 불가능하다.

세계적인 고령화와 의료기술의 발달, 기대수명 연장은 지금의 시니어 세대를 역사상 가장 활동적이고 소비 욕망이 강한 계층으로 만들어냈다.

고령화시대를 맞아 시니어모델이 본격적인 직업군으로 등장한 것은 2015년의 일이다. 그해 명품 패션산업계에 시니어모델이 등장한 것을 기점으로 이들의 수가 봇물이 터지듯 많아지면서 시니어모델의 전성시대가 열렸다(매일경제, 2018). 유명한 시니어 패션모델 카르멘 델로피체(Carmen Dell'Orefice)는 세계 최고령 모델로 기네스북에 등재되기도 했다.

1) 시니어모델의 분류

뉴가튼 교수는 인간의 평균 수명을 100세로 가정하고, 정년인 55세를 기점으로 75세 미만을 '영 올드(Young Old)'로, 85세 미만을 '올드 올드(Old Old)'로, 그 이후를 '올디스트(Oldest)'로 구분하였다. 이를 기준으로 55세 미만은 '예비 시니어모델', 55세 이상은 '시니어모델'로 정의해볼 수 있다.

시니어모델의 분류

나이대	분류
55세 이상 75세 미만	Young Senior model(영 시니어모델)
75세 이상 85세 미만	Old Senior model(올드 시니어모델)
85세 이상	Oldest Senior model(올디스트 시니어모델)

2) 시니어모델의 탄생 배경

> 요즘 시니어들은 모던함을 갖춰 패션에도 많은 관심을 보이고 있다. 그들은 접근하기가 수월하고 포즈를 취할 때 콤플렉스도 없으며 과거보다 찾기도 수월해졌다. _ 브라이스 콤파뇽(캐스팅 오피스 대표)

예쁘고 멋진 모습을 한 명품 브랜드 모델의 커리어 수명은 길지 않다. 국내외를 막론하고 모델은 대개 10대 중후반에 데뷔한다. 커리어를 어느 정도 유지하면 경력 10년 차에 접어드는데, 대부분 20대 중반에 최고의 전성기를 누리게 된다. 겉으로 보이는 이미지가 중요한 명품 브랜드에서는 특히 이러한 '젊은 모델'의 활약이 두드러진다. 명품 브랜드는 연 2회 시즌마다 광고를 진행하는데, 이 광고가 브랜드 이미지나 매출과 직결되기 때문에 명품 브랜드의 얼굴로 활동하는 뮤즈들은 대개 셀럽이거나 그해 각광받은 모델이어야 한다.

조안 디디온(Joan Didion)과 조니 미첼(Joni Mitchell)처럼 글로벌 명품 브랜드들이 광고에 시니어 모델을 기용하는 이유를 생각해보면, 시대의 트렌드나 흐름을 짐작할 수 있다. 세계적으로 급격하게 고령화가 진행되는 사회적 배경 속에서, 강력한 소비계층으로 떠오르는 시니어들을 사로잡기 위한 경제적 요인이 패션계에도 적용되기 시작한 것이다. 또 날씬하고 예쁜 모델이 넘쳐나는 패션업계에, 백발을 가진 시니어모델들은 시각적으로 신선한 충격을 줌으로써 소비자의 관심을 모으고 브랜드가 사람들의 기억에 강렬하게 남도록 해준다. 무엇보다 주목할 포인트는, 시니어모델에 대한 고정관념을 깨면서 각 브랜드가 추구하는 이미지와 전달하려고 하는 브랜드의 가치를 표현할 수 있다는 것이다.

점점 증가하는 시니어모델에 대한 광고주의 수요에 따라 광고계는 나이에 대한 개념을 바꾸기 시작했다. 오늘날 50세는 많은 나이가 아니다. 그들은 여전히 이성을 유혹할 수 있고 사랑에 빠지며 운동과 여행을 하고 스스로를 가꾼다. 심지어 새로운 일을 시작하기도 한다. 과거와 달리 베이비부머나 시니어들의 행동 반경에 제약이 없다. 이러한 흐름에 따라 50세를 넘긴 사람들이 제2의 인생을 시작하고 있으며, 이에 따라 화장품 시장이 유망하게 떠오르고 있다. 패션브랜드들은 주름을 간직한 현실적인 여성을 광고 모델로 채용하기 시작했으며 그중에는 '로레알'의 모델이 된 69세의 배우 헬렌 미렌, '나스'의 얼굴이 된 68세의 샬럿 램플링, '슈에무라'의 모델이 된 65세의 타냐 드루긴스카 등이 있다.

시니어모델을 채용하는 트렌드는 일시적인 현상에 그치지 않고 점점 시장의 주류로 자리 잡을 것이다. 시니어들은 강력한 구매력과 더불어 빠르게 변화하는 패션계의 중심에 서게 될 것이다. 한 패션 관계자는

"최근 글로벌 패션브랜드 캠페인만 봐도 시니어들이 활약하는 추세인 것을 알 수 있다"라고 하면서 그들의 주름은 젊은 모델이 가질 수 없는 아우라로 꽤나 포토제닉하게 느껴진다고 했다. 미국의 경우에는 오래전부터 시니어모델들이 활동하고 있었지만, 프랑스의 경우 이제 막 새로운 흐름이 시작되는 단계이다.

이러한 트렌드가 시작된 지 10여 년이 지난 오늘날까지, 시니어모델에 대한 수요는 급격하게 늘고 있다. 시니어모델의 등장은 단순히 실버마켓이 중요해졌기 때문만은 아니다. 열심히 살아온 실버세대의 치열한 삶, 그들이 가진 애티튜드와 아우라는 남들이 쉽게 따라할 수 없는 것이어서 더욱 아름답게 느껴진다. 깨달음을 얻은 그들과, 그들의 삶을 응원하는 젊은 세대의 융합이 기대되는 시기다.

아시아 시니어모델협회의 탄생

전 세계가 고령화사회로 진입하면서 시니어모델의 수요가 급속히 성장하고 있다. 이에 2019년 3월, 국내에서 아시아 최초로 사단법인 아시아시니어모델협회(Asia Senior Model Association)를 창단하게 되었다. 초대 협회장으로는 아시아 톱모델 출신이자 현재 이화여대 글로벌미래평생교육원 시니어모델 최고위과정 교수로 재직 중인 주윤(유경빈)이 추대되었다.

주윤(유경빈) 회장은 모델라인 35기 출신으로 30여 년간 모델 활동을 활발히 하였으며, 국내 최초로 시니어모델 관련 논문을 발표하였다. 아시아시니어모델협회를 국내는 물론 아시아 전역, 그리고 전 세계로 뻗어나가게 하여 한류 문화를 세계에 알리는 지표 역할을 할 것으로 기대된다.

주윤(유경빈)

2
대표적인 시니어모델

1) 대표적인 국내외 여성 시니어모델

(1) 최고령 패션모델로 기네스북에 오른 '카르멘 델로피체'

현존하는 최고령 슈퍼모델이자 모델들의 롤모델로 꼽히는 카르멘 델로피체(Carmen Dell'Orefice, 1931~)는 1947년에 발레를 배우러 가다가 버스 안에서 우연히 포토그래퍼의 눈에 띄어 13살에 모델로 데뷔하였다. 이후 15세에 최연소 〈보그〉 표지모델로 이름을 알린 후, 지금까지 현역으로 70년이 넘게 활동 중이다.

Carmen Dell'Orefice
at Mercedes-Benz
F/W 2011
Fashion Week

그녀는 염색하지 않은 흰머리가 트레이드마크이며, 보톡스나 지방 흡입 같은 시술에 의존하지 않고 오로지 철저한 운동과 식이요법을 통해 자기관리를 하는 것으로 유명하다. 그녀의 포스는 누구도 범접할 수 없는, '독보적으로 우아한' 분위기를 뿜어낸다. 최근까지도 런웨이를 누비며 각종 화보, 광고, 매거진 등에서 왕성한 활동을 펼치는 그녀는 한 번도 은퇴를 생각해본 적이 없다고 한다. 그녀는 한 인터뷰에서 다음과 같은 말을 남겼다.

"나이가 들어서 열정이 사라지는 것이 아니라,
열정이 사라져서 나이가 든다."

카르멘 델로피체

메이 머스크

(2) 전성기가 끝나지 않는 모델 '메이 머스크'

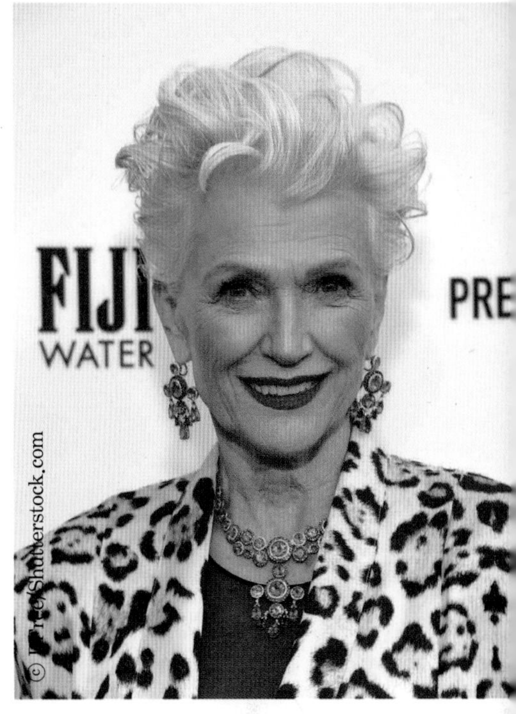

Maye Musk arrives for the The Daily Front Row 5th Annual Fashion LA Awards on March 17, 2019 in Beverly Hills, CA

캐나다에서 태어난 메이 머스크(Maye Musk, 1948~)는 남아프리카공화국 요하네스버그에서 자랐고 다시 미국으로 넘어와 살았다. 15세에 데뷔한 이 신인은 보통의 모델들이 그렇듯, 20살이 되기 전에 모델의 수명이 끝날 것이라고 생각하여 직종을 바꾼 후 세 아이의 엄마가 되었다. 그 후 69세를 맞은 2017년 5월 27일, 세계가 깜짝 놀랄 일이 벌어졌다. 그녀가 글로벌 뷰티 브랜드 '커버걸(Cover Girl)'의 새 모델이 된 것이다. 그녀는 느즈막히 찾아온 이 기회를 통해, 어떤 일이든 절대 포기하면 안 된다는 것을 느꼈다고 한다.

제품보다는 아름다움의 다양성을 표현하는 광고로 유명한 '커버걸'은 메이 머스크를 모델로 선정한 이유가 "그녀는 엄마가 되고 나이가 들어도 커리어를 포기하지 않고 내적으로 아름다운 여성이 되기 위해 끊임없이 공부해왔기 때문"이라고 밝혔다.

> "배움도 중요하다는 아버지의 조언의 따라 모델 활동 중에도 석사 학위를 땄어요. 그 사이 결혼하고 세 아이도 낳았죠. 늘 어딘가에 안주하기보다 새롭게 도전하는 삶을 살았어요."

그녀가 얼마나 끊임없이 도전하며 살았는지는 젊은 시절부터 오늘날까지의 이력을 통해 알 수 있다. 젊은 시절 그녀는 미(美)의 여왕에 선발될 만큼 빼어난 미모를 가지고 있었다. 남들에게 이상적으로만 보였던 그녀의 삶은 결코 평탄하지만은 않았다. 전기기계 공학자였던 에롤 머스크(Errol Musk)와 결혼한 후 남아공에서 삼남매를 낳았는데, 첫째가 여덟 살이 되던 해 이혼을 한 것이다.

"이혼 후 세 아이를 키워야 했어요. 캐나다로 돌아와 가구도 없는 임대 아파트에서 어렵게 살았죠. 쉬지 않고 일해야 했지만 스스로 불행하다고 느낀 적은 없어요."

28세에는 아이를 낳고 잠시 중단했던 모델 일로 복귀했다. 그녀는 당시에도 최고령 모델이었다. 모델이란 직업의 수명이 짧았기 때문이다. 그럼에도 세계의 패션업계가 그녀에게 주목했으며, 가수 비욘세의 뮤직비디오에 출연하기도 했다. 잡지에 누드 화보를 싣기도 했다. 그녀는 '최고령'이 아닌, 잘 나가는 모델이었다.

영화 〈아이언맨〉의 주인공 토니 스타크의 실존 모델로 알려진 일론 머스크(Elon musk)를 아들로 두었지만, 그녀는 요즘도 커리어를 유지하고 있다. 전기차를 만드는 테슬라(Tesla) CEO의 어머니이자 저명한 영양학자, 캐나다 출신의 패션모델로 50년 넘게 활동해온 그녀는 끈기 있는 워킹맘이라고 할 수 있다. 그녀는 모델 활동은 물론 영양학자로서 균형 잡힌 건강한 식습관에 대한 노하우를 강연에서 전달하기도 했다.

"나에게서 비롯되는 거예요. 그러니 내 몸에 귀를 기울이세요. 건강하지 않은 생활습관이나 음식은 버려야 해요. 그리고 지금 행복하지 않다면 그것이 무엇이든 멀어지세요. 마지막으로 기억해야 할 건 누구나 나이와 상관없이 무슨 일이든 잘할 수 있다는 믿음입니다."

그녀는 71세 생일을 맞은 후에도 '오프화이트'나 '슈프림' 등 잘 나가는 젊은 브랜드의 러브콜을 받았다. 그녀가 인스타그램(@mayemusk)을 게시할 때마다 빼놓지 않는 해시태그는 바로 "#ItsGreatTobe71"이다.

(3) 셀린느 광고 캠페인의 뮤즈 '조안 디디온'

패션브랜드 셀린느의 크리에이티브 디렉터인 피비 파일로(Phoebe Philo)는 뮤즈의 삶과 스타일을 광고 캠페인에 오마주 형태로 드러내는 것으로 유명하다. 그는 미국의 작가 조안 디디온(Joan Didion, 1934~)을 캠페인의 모델로 캐스팅하였다. 조안 디디온은 〈보그〉 주최의 에세이 콘테스트에서 우승한 것을 계기로, 2년간 카피라이터와 에디터로 근무하였고 이후 소설가와 에세이스트로 활동하였다.

Joan Didion at the 2008 Brooklyn Book Festival in New York City

2015 S/S 셀린느 캠페인에 참여한 조안 디디온

(4) 생로랑의 뮤즈 '조니 미첼'

Joni Mitchell on canadian postage stamp

싱어송라이터이자 포크 가수, 여자 밥 딜런(Bob Dylan)으로 불리는 조니 미첼(Joni Mitchell, 1943~)은 에디 슬리먼(Hedi Slimane)의 뮤즈로 발탁되었다.

에디 슬리먼은 패션브랜드 생로랑(Saint Laurent)의 크리에이티브 디렉터로, 1970년대 패션에서 영감을 얻은 생로랑의 광고 캠페인에 조니 미첼을 등장시켰다.

Joni Mitchell in Oslo Opera House, 12. August 2018 in Oslo

생로랑 2015 S/S 캠페인에서
젊은 시절의 자신을 오마주한 조니 미첼

'더 로'의 룩북에 등장한
린다 로뎅

(5) 스타일리스트 출신의 '린다 로댕'

2014년, 할리우드 스타 출신 올슨 자매가 운영하는 의류 브랜드 '더 로(The Row)'는 '올리오 루소(olio Lusso)'의 오너 린다 로댕(Linda Rodin, 1947/1948~)을 광고 캠페인에 등장시켰다. 린다 로댕은 이전에도 선글라스 브랜드 '카렌 워커(Karen Walker)'의 광고 모델로 활약한 경험이 있었다. 그녀는 '로댕 코스메틱'의 대표이기도 하다.

그녀의 실버 블론드 헤어와 군살 없는 몸매, 고상한 얼굴은 젊은 여성들의 선망의 대상이 되었다. 그녀는 영국 '보그닷컴'과의 인터뷰에서 자신에게 늘 따라붙는 나이에 관해 이렇게 말했다.

> "나는 66살이 늙었다고 생각하지 않아요. 물론 이쪽 문화에서는 26살도 늙은 것처럼 여겨질 때가 있죠. 패션과 뷰티 쪽에서는 내가 이상해 보일 수 있지만, 좀 더 넓은 시각에선 결코 그렇지 않아요. 나보다 나이가 많지만 스스로를 훨씬 젊게 느끼는 친구들이 많거든요."

Linda Rodin's instagram, August 25, 2020

(6) 60세에 길거리 캐스팅으로 데뷔한 '재키 오셔그네시'

미국에서 태어난 재키 오셔그네시(Jacky O'Shaughnessy, 1951~)는 길거리 캐스팅을 통해 모델로 데뷔했다. 180cm가 넘는 큰 키에 긴 백발을 가진 그녀는 그전까지 모델 경력이 전혀 없었다. 재키는 새로운 도전을 하기로 결심한 그해, 패션브랜드 '아메리칸 어패럴'의 2012 F/W 무대에 올랐다. 그녀의 화보는 브랜드의 간판이 되었다.

그 후 전문 모델로 변신하여 '디젤'의 브랜드 모델로 활약하고, 뉴욕패션위크의 여러 패션쇼에도 등장하였다. "사이즈, 나이, 인종에 상관없이 모든 여성은 아름답다"는 긍정의 메시지를 담은 '보디 포지티브 운동'을 펼치기도 했다.

Jacky O'Shaughnessy's homepage

ⓒ Jacky O'Shaughnessy

재키 오셔그네시

(7) 국내 패션계의 대모 '김동수'

김동수는 대한민국 1호 해외파 패션모델로 1980년대에 세계에 진출하여 유럽과 미국 등에서 활동하였다. 이제는 국보급 시니어모델이 된 그녀는 동덕여자대학교 모델과에서 교수직을 맡아 후학을 길러내고, 초대 한국모델콘텐츠학회 회장직을 맡아 패션계 발전을 위해 힘쓰고 있다. 2018년에는 대중문화예술 발전에 기여한 공로를 인정받아 국내 여성 모델 최초로 '대한민국 대중문화예술상 대통령 표창'을 받기도 했다.

대중문화예술상
수상 모습

앙드레김 패션쇼에서의 워킹

〈allure〉 화보에서의
활약

김동수

2) 대표적인 국내외 남성 시니어모델

(1) 세계적인 톱모델 '데이비드 간디'

전 세계의 남성 톱모델로 꼽히는 데이비드 간디(David Gandy, 1980~)는 '살아서 걸어다니는 다비드 조각상', '섹시한 마초' 등 여러 수식어를 가지고 있다. 영국 출신의 그는 191cm의 큰 키로 21세에 콘테스트에서 우승하며 모델로 데뷔하였다. 2006년에는 돌체&가바나의 대표 모델이 되었고, 2007년에는 돌체&가바나의 '라이트 블루 향수' 광고로 뉴욕 타임스퀘어의 전광판에 등장하면서 일약 스타덤에 올랐다. 2012년 런던 올림픽 폐막식에는 남성 모델로는 유일하게 여성 슈퍼모델과 한 무대에 서기도 했다. 패션계와 대중의 꾸준한 지지 아래 나이가 들면서 더 중후한 느낌과 모습을 보여주는 전 세계 남자들의 로망이다. 최근에는 자신만의 브랜드를 론칭하고 자선단체 활동을 하는 등 다방면으로 영역을 넓혀가고 있다.

David Gandy arriving for the 2013 Glamour Awards, Berkeley Square, London

© Featureflash Photo Agency/Shutterstock.com

데이비드 간디

에이든 쇼우

(2) 다양한 경력을 가진 '에이든 쇼우'

영국 런던 출신의 에이든 쇼우(Aiden Shaw, 1966~)는 지성과 외모를 두루 갖춘 시니어모델로 젊은 시절에 문예창작 석사 학위를 받고 소설가 및 시인으로 활동하였다. 또 '왓에버(Whatever)'라는 밴드를 결성하여 리드보컬로 활동하는 등 많은 분야에서 재능을 나타내었다. 이후 2011년 프랑스 파리 패션쇼에 성공적으로 진출하면서 이름을 알리는 계기를 얻었다.

그는 뚜렷한 이목구비와 잘 다듬어진 근육질 몸매, 트레이드 마크인 은발과 수염을 자랑한다. 여러 패션 잡지의 화보를 촬영하고 수많은 런웨이에 서는 등 중년 모델로서 바쁘게 활약하고 있다. 20~30대 프로 모델과 견주어도 전혀 밀리지 않는 아우라는 모델계의 러브콜을 받기에 충분하다. 최근에는 남성 패션 매거진 〈GQ〉의 모델로 활동하였다.

ⓒ Featureflash Photo Agency/Shutterstock.com

Aiden Shaw arriving for the "Mademoiselle C" premiere at the Mayfair Hotel, London, 2013

(3) 세계에서 옷을 가장 잘 입는 '닉 우스터'

미국 캔자스 출신의 닉 우스터(Nick Wooster, 1960~)는 세계 남성들의 워너비 스타일 아이콘이다. 그는 캘빈클라인과 랄프 로렌의 패션 디렉터, 톰 브라운의 어드바이저로 활동하며 패션에 관심이 많은 사람들 사이에서 이름을 알렸다. 원조 '꽃보다 할배', '꽃중년'으로 불리는 그는 스트리트 패션의 1인자로도 유명하다.

그는 2010년 이탈리아 밀라노 패션위크에 가던 중 우연히 길거리에서 유명한 스트리트 사진작가 스콧 슈먼의 프레임에 담겼다. 이후 그 사진이 그를 유명인으로 만드는 계기가 되었다. 그는 한 인터뷰에서 "키가 패션을 완성시켜주지는 않는다"라고 하며 키가 큰 모델들이 즐비한 패션계에서 60대라는 나이와 168cm라는 작은 키를 가지고 최고의 스타일링을 보여주며 '키 작은 남자 코디'의 정석으로 불리게 되었다. 최근에는 자신의 일상 속 스타일링을 인스타그램에 올리면서 많은 사람과 소통하고 있다. 그의 SNS를 구독하는 팬은 770만 명에 이른다.

Nick Wooster before Salvatore Ferragamo fashion show, Milan Fashion Week street style on January 15, 2017

© andersphoto/Shutterstock.com

"모든 게 저에게는 굉장히 충격적입니다. 저는 단지 늙고 키 작은 노인일 뿐이에요. 자기 일을 사랑하고, 키 작은 제가 어떻게 입어야 하는지 잘 아는 것은 그게 제가 할 수 있는 일이기 때문입니다. 이 모든 일들이 많은 사람에게 영향을 준 것 같습니다."

_〈GQ〉 인터뷰 중에서

닉 우스터

김칠두

(4) 국내 1호 남성 시니어모델 '김칠두'

한국 경기도 시흥 출신의 김칠두(kim chil doo, 1955~)는 국내 1호 시니어모델로 유명하다. 2018년 3월, 서울패션위크에서 은발을 휘날리며 런웨이를 걷는 그의 모습은 대한민국을 사로잡기에 충분한 것이었다. 순댓국밥집을 20년간 운영하며 가족의 생계를 책임지다가 60대에 모델의 꿈을 이룬 케이스이다.

국내의 다양한 시니어모델들

현재 국내 모델계의 대표적인 남녀 예비 시니어모델로는 임주완, 주윤, 강신, 박영선, 박순희, 이선진, 이기린 등이 있다. 그들은 시니어모델 및 지도자로서 왕성하게 활동하고 있다.

모델이라는 직업이 평균적으로 수명이 짧은 직업임을 고려할 때, 60대 중반이라는 나이에 데뷔한다는 것은 국내에서 매우 이례적인 일이 아닐 수 없었다. 그의 181cm라는 큰 키와 굵고 깊은 주름이 진 얼굴, 흰색으로 덮인 긴 머리카락과 기다란 수염은 SNS를 통해 퍼졌고, 이후 언론들의 인터뷰가 이어졌다. 인기에 힘입어 텔레비전 CF를 찍기도 했다. 20대 모델을 압도할 만큼 유니크한 60대 모델의 등장, 김칠두를 원하는 패션브랜드가 계속해서 늘어나고 있다.

김칠두의 인스타그램

CHAPTER 2

모델과 패션쇼

1 모델의 역사

모델(Model)이라는 단어는 1902년 등장한 프랑스의 '마느껭(mannequin)'에서 유래된 것으로, 옷을 관중 앞에 전시하거나 옷을 사람 대신 입혀보기 위해 만든 '체형을 본뜬 조형물'을 의미하는 것이었다. 이 단어는 옷으로 치장한 젊은 아가씨를 지칭하는 은어로 사용되기도 했다.

오늘날 모델은 다음의 다섯 가지 뜻으로 정의해볼 수 있다.

- 닮을만한 가치가 있는 사람(웹스터 사전: a person worthy of imitation)
- '모형, 모범, 본보기' 등 대표가 될만한 사람
- 시즌에 앞서 트렌드가 될만한 옷을 먼저 입고 그 맵시를 보여주는 사람
- 최신 유행의 의상이나 패션상품을 발표하고 고객 또는 구매자들에게 워킹이나 포즈 등을 선보이는 직업

지금부터는 모델의 탄생과 발전에 기여한 조직 및 인물에 관해 살펴보도록 한다.

1) 찰스 프레데릭 워스와 워스 하우스

19세기 초 파리, 영국 출신의 재봉사 찰스 프레데릭 워스(Charles Frederic Worth, 1825~1895)는 의상을 더 생동감 있게 보여주기 위해 사람에게 직접 입혀 고객들에게 선보이기로 했다. 그의 방식은 큰 호응을 얻어 판매할 옷을 모델에게 입혀서 보여주는 방식이 널리 퍼지게 되었다.

그에게 '최초', '최고'라는 수식어가 붙는 이유는 디자이너가 주도하여 고객의 주문에 창의적 아이디어를 가미한 독창적인 의상을 제작하였기 때문이다.

찰스 프레데릭 워스는 옷의 디스플레이를 위해, 판매를 보조하던 마리 베르네(Marie Vernet)에게 모슬린(muslin) 의상을 만들어 입혔다. 그의 옷이 고객들의 찬사를 받자 상점에서 여성복 운영을 총괄하게 되었다. 마리 베르네는 찰스 프레데릭 워스의 아내가 되어 그의 오트쿠튀르 정신에 많은 영감을 주었다.

모슬린

'메린스'라고도 하며, 면사를 촘촘하게 짜고 표백하지 않은 흰색 직물을 뜻한다. 원래는 명주로 짜거나 소모사를 써서 평직으로 얇고 보드랍게 짜서 만들었는데 요즘은 좀이 잘 먹어 별로 사용되지 않는 원단이다. 이라크의 도시 모술(Mosul)에서 파생된 단어로 영국에서는 얇은 면직물을 모슬린이라고 한다. 미국에서는 일상생활에 사용되는 튼튼한 직물을 가리키는 단어로 쓰인다.

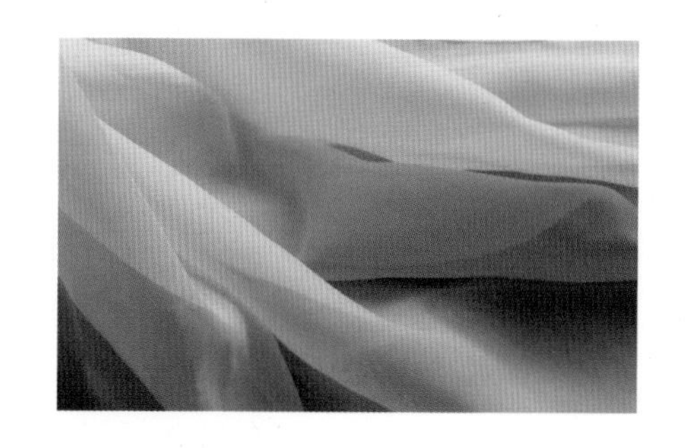

1895년 찰스 프레데릭 워스가 죽은 후에는 그의 아들에게 워스하우스가 계승되면서 경영자가 바뀌었다. 이후 잔느 패퀸(Jeanne Paquin)에게 경영을 넘겨주면서 워스 하우스의 역사는 끝을 맺었다.

국내에서는 배우와 무용수가 모델의 역할을 대신하였다가 1950년대 후반부터 전문 모델이 생겨나서 모델이 하나의 전문적인 직업으로 발전하였다.

찰스 프레드릭 워스

마리 베르네의 모습

2) 의상 발표회와 잔느 패퀸

1890년대에는 몇몇 여성들이 패션디자이너의 꿈을 꾸기 시작하면서, 20세기 초 패션 분야에 중요한 영향을 끼쳤다. 그중 대표적인 인물이 바로 잔느 패퀸(Jeanne Paquin, 1869~1936)이다. 그녀는 활동적인 커리어우먼으로 항상 자신이 디자인한 옷을 입고 다녔다. 그녀는 여성의 활동성, 기능성, 스타일 연출의 다양성에 관심을 가지고 호화로운 스타일 대신 편안함과 자유로움을 추구하는 현대적인 복장을 많이 선보였다.

그녀는 '현대 의상의 어머니'라고도 불린다. 1910년대에는 모델에게 자신의 의상을 입혀 사교장에 나타나거나 그들을 데리고 미국 대도시를 순회하며 의상을 발표하기도 하였다.

이처럼 모델을 이용한 의상 발표는 그녀가 처음 고안한 것으로, 독특한 발상의 연출이 돋보였다. 1936년 그녀가 사망하자 디자인 하우스가 찰스 프레데릭 워스의 살롱과 합병되면서 1956년에 '하우스 오브 패퀸'이 문을 닫았다.

잔느 패퀸의 모습

패퀸 하우스의 제품

패퀸 하우스에서
옷을 맞추는
20세기의 마담

2

모델 에이전시

1) 해외 에이전시

1928년 영국에서는 세계 최초의 모델 에이전시 '루시 클레이턴(Lucie Clayton)'이 설립되면서 모델이란 직업이 탄생하였다. 모델의 일을 본격적으로 하는 전문 모델이 등장하게 된 것이다.

1946년 뉴욕에서는 엘린 포드와 그녀의 남편 제리 포드가 '포드 모델 에이전시(FORD Model Agency)'를 설립하였다. 이 에이전시에서 모델들은 체계적인 시스템 아래 보수를 받으며 일을 할 수 있었다. 이 시기에는 모델의 분류에 따른 구분이 엄격했다. 당시에는 프린트 모델을 여러 모델 중에서 최고로 꼽았다. 이 프린트 모델이 1970년 이후 패션쇼 무대에 합류하게 되었다.

현재 세계 3대 모델 에이전시는 IMG, 포드(FORD), 엘리트(elite)이다. 이들은 저마다 긴 역사, 각기 다른 콘텐츠와 차별화된 전략을 가지고 모델뿐만 아니라 다양한 아티스트를 관리 중이다. 세계적인 톱모델은 전부 이들 중 하나에 소속되어 활동한다고 보면 된다. 이 에이전시

세계적인 에이전시와 시니어모델

최근 세계적인 에이전시 IMG가 시니어모델들과 계약하면서 모델계의 지형도가 바뀌는 것이 느껴지고 있다. 1921년생 아이리스 아펠(Iris Apfel)은 97세에 IMG와 계약을 맺었고, 주디스 보이드(Judith Boyd) 역시 73세에 IMG와 계약하면서 주얼리 광고를 촬영하고 뉴욕패션위크에 참여하였다.

포드 에이전시의
설립자
아일린 포드

아일린 포드가
관리하던 모델들

들은 모델의 스케줄 관리뿐만 아니라 체계적인 매니지먼트를 펼치고 있다. 또 모델 대회를 개최하여 세계에서 모여드는 신인을 발굴하고 성장시키는 중이다.

2) 국내 에이전시

우리나라에서는 1979년에 '모델라인'의 전신인 '패션 스튜디오'가 설립되었다. 이후 1983년에 모델 이재연이 스튜디오의 상호를 '주식회사 모델라인'으로 바꾸어 다시 설립하였다. 이는 국내 최초의 패션모델 에이전시로 역사적 가치를 가지고 있다. 이후 1984년에 도신우가 '모델센터'를 설립하면서, 국내 1세대 패션모델 매니지먼트(에이전시)의 기틀을 세웠다.

모델 이재연의 활동 모습

모델 이재연이 설립한 모델라인의 홍보물

2000년에는 DCM 에이전시가 설립되고, 2003년에는 에스팀(Esteem)이 설립되어 더욱 체계적이고 전문적인 매니지먼트 활동을 펼쳤다. 이들은 모델을 매스미디어에 내보내어 대중에게 각인시켰다. 이때 모델 출신 스타 배우들이 많이 탄생하게 된다. 이 시기에 탄생한 대표적인 모델 출신 배우로는 차승원, 소지섭, 강동원, 주지훈 등이 있다.

오늘날에는 1세대 모델 에이전시가 도태되고 에스팀과 YG케이플러스(K+)가 국내 모델 에이전시를 양분하고 있다. 또 기업형 거대 기획사 SM이 YG엔터테인먼트와 전략적 제휴 및 인수합병을 하여 방송, 모델, 패션, 뷰티사업, 엔터사업 등 다양한 분야로 활동 영역을 확대해나가고 있다.

국내 남성 모델 1호, 도신우

도신우는 취미생활을 직업으로 만든 케이스의 모델이다. 중앙대 연극영화과 재학 중 명동의 한 맞춤양복점에 갔다가 모델을 하면 고급 양복을 준다고 해서 시작한 일이 직업이 되어버린 것이다.

당시에는 국내에 '모델'이란 직업 자체가 생소했는데, 도신우는 1969년 뜻이 맞는 친구들과 함께 '왕실모델클럽'을 결성하면서 프로 남성 모델 시대를 열었다. 1980년대에는 패션쇼 기획자로 나섰고, 1984년에는 오늘날의 모델센터 인터내셔널을 세워 국제적인 패션 컬렉션인 '프레타포르테 부산'을 이끌고 있다. 2009년 10월 21일에는 경복궁 국립민속박물관 앞마당에서 열린 이리자 한복 패션쇼에 25년 만에 모델로 서면서 여전한 기량을 뽐내기도 했다.

도신우의 전성기 활동 모습(좌),
25년 만에 무대에 선 도신우(우)

예술적이고 폐쇄적인 프랑스의 오트쿠튀르와 미국의 실용적이고 개방적인 레디 투 웨어(Ready to wear)는 패션쇼계의 양대산맥이다. 우리가 아는 거의 모든 패션쇼가 바로 이 프레타포르테에서 시작된 것인데, 지금은 레디 투 웨어에 더욱 가깝다고 할 수 있다. 패션쇼와 디자이너를 산업화로 이끈 것은 찰스 프레데릭 워스와 오트쿠튀르이고, 패션산업을 대중화시키고 패션쇼를 지금 우리들이 아는 모습으로 이끈 것은 프레타포르테, 즉 기성복의 역할이 크다.

오트쿠튀르

쿠튀르(couture)는 봉제 또는 의상점이라는 뜻이며, 오트쿠튀르(Haute couture)는 고급 의상을 만드는 의상점을 뜻한다. 주로 귀족들의 여성복을 다루었던 오트쿠튀르는, 일류 디자이너가 주문 제작을 받아 100% 수작업으로 완성시킨다. 오트쿠튀르의 창시자는 드레스 디자이너 찰스 프레데릭 워스였다. 그는 현대 오트쿠튀르 산업의 기틀을 세운 인물로, 1910년에는 그의 후계자들이 모여 파리의상조합을 결성했는데 이들이 일 년에 두 번 파리에서 쇼를 개최했던 것이 오늘날의 패션쇼로 이어지게 되었다. 코코 샤넬, 크리스찬 디올, 이브 생 로랑 등 패션 디자이너의 하우스가 발전하기 시작하면서 옷(작품)을 선보이기 위해 패션모델과 패션쇼가 등장하게 되었다.
오트쿠튀르는 아무나 입을 수 없는 옷, 즉 예술가의 작품을 보여준다는 개념이 강했다. 당시 오트쿠튀르의 가입 조건은 매우 엄격했다. 그들이 선보이는 작품의 가격은 매우 비쌌으며 실용성이 떨어져서 일부 사회 계층만이 그것을 누릴 수 있었다.

프레타포르테

프레타포르테(Prêt-à-Porter)는 프랑스어로 고급 기성복이라는 의미를 가지고 있다. 영어의 레디 투 웨어(Ready to wear)와 같은 의미로, 직역하면 '당장 입을 수 있는 옷'이라는 뜻이다. 미국은 프랑스보다 실용적이고 대중적인 패션을 지향해왔다. 프레타포르테는 오트쿠튀르보다 저렴하고 품질이 낮은 기성복에서 시작되었다. 프랑스 오트쿠튀르의 폐쇄적이고 예술성이 높은 옷은 가격에 비해 실용적이지 못한 디자인으로 제작되어 대중의 반감을 불러일으키게 되었다. 이러한 대중이 늘어나면서 프레타포르테는 점차 고급 기성복을 내놓는 무대로 변화하여 현재 세계 4대 패션위크가 개최되는 파리, 밀라노, 뉴욕, 런던에서 일 년에 두 번, 즉 S/S 시즌과 F/W 시즌에 한 시즌 앞서 컬렉션을 개최하고 있다. 프레타포르테는 오트쿠튀르보다 트렌디하고 상업적인 성격이 강해 그 규모가 점점 커지고 있다.

3 모델의 분류

1) 패션모델

일명 '런웨이(Runway) 모델'이라고도 불리는 패션모델(Fashion model)은 패션과 함께 새로운 트렌드와 아이콘을 탄생시키는 직업군이다. 과거와 현재, 미래가 공존하는 패션계에서 100년이 넘는 역사를 자랑하는 패션모델은 업계와 함께 여전히 성장해나가고 있다.

흔히 모델의 꽃은 캣워킹을 하는 패션모델이라고 한다. 따라서 프로 패션모델이 되기 위해서는 꾸준한 훈련을 통해 완벽한 신체조건을 갖추고 워킹, 포즈, 턴 등의 기술을 익혀야 한다. 그 후 오디션을 통과하면 비로소 패션쇼 무대에 설 수 있게 된다.

패션모델들이 가장 바쁘게 활동하는 시기는 봄과 가을이다. 다음 계절의 패션트렌드를 제안하기 위해 봄에는 F/W 패션쇼가, 가을에는 다음 해 S/S 시즌 컬렉션이 한 시즌 앞서 발표되기 때문이다. 이외에도 패션모델은 일 년 내내 크고 작은 행사에 참여한다. 패션브랜드에서 신제품을 발표하기 전에 여는 품평회, VIP 고객을 상대로 한 소규모 쇼, 백화점 등에서 펼쳐지는 이벤트성 패션쇼, 헤어쇼, 수영복쇼, 란제리쇼, 웨딩쇼, 한복쇼 등이 바로 그러한 행사의 예이다.

아무리 유명한 브랜드의 의상이라 해도 모델이 무대 위에서 어떻게 연출하느냐에 따라 아름답게 보일 수도, 그렇지 않게 보일 수도 있기 때문에 패션모델에게는 이상적인 신체 조건과 꾸준한 자기관리, 표현능력이 요구된다.

2) 에디토리얼 모델

에디토리얼 모델(Editorial model)은 에디터가 의도한 콘셉트에 맞추어 카메라 앞에서 순간적인 감정을 표정 및 포즈를 통해 아름답게 표현해내는 직업군이다. 주로 패션잡지, 지면 광고, 룩북, 프린트물의 지면에서 활동한다. 인쇄매체의 특성상 반복적으로 대중에게 노출되어 인지도가 상승하기 때문에 모두가 진출하기를 꿈꾸는 분야라고 할 수 있다.

에디토리얼 모델에게는 사진작가의 요구에 즉각적으로 응할 수 있는 빠른 이해력과 연출능력이 필요하다. 지면 촬영에서는 같은 동작을 반복하기 때문에 매번 동일한 포즈와 감정 상태를 일관성 있게 유지할 줄 알아야 한다. 주로 스튜디오 및 외부에서 여러 스텝들과 장시간 촬영을 하므로 자연스러운 포즈와 새로운 이미지를 창조해내는 창의력, 낯선 환경에 대한 적응력 및 인내심과 끈기가 필요하다.

3) CF 모델

CF 모델은 영상매체에서 활동하는 광고모델로, 극장이나 텔레비전의 다양한 브랜드 광고에 출연하여 소비자의 구매욕을 자극하는 직업군이다. 제품의 콘셉트나 이미지에 맞는 유명 모델을 광고에 앞세우는 것은 이들의 이미지가 매출에 직결되기 때문으로, 최근 다양한 이미지의 모델이 속속 등장하고 있다. CF마다 강조하는 제품이 다르고, 그에 따라 모델을 선정하는 기준도 다르다.

CF라는 분야는 모델 경력이 길지 않더라도 브랜드가 원하는 이미지와 부합하기만 하면 진출하기가 수월하다. 흔히 광고를 '30초의 예술', 또는 '15초의 미학'이라고 하는데, 이는 광고가 짧은 시간에 커다란 파급 효과를 가지기 때문이다. 따라서 화면에 자신을 단시간에 얼마나 잘 표현하느냐에 따라, 단 한 번의 촬영만으로 큰 부와 인기를 누릴 수도 있다. 다만 CF 모델을 고용하는 광고대행사나 클라이언트가 프로필 사진만 보고 모델을 결정하지는 않으므로 카메라 연기, 표정 연기 등을 능숙하게 하는 것이 필수이다. 가급적 오디션을 여러 번 보는 것도 중요하다.

세계 4대 컬렉션

오랜 역사와 전통, 권위와 함께 세계 패션계를 리드하는 파리, 런던, 뉴욕, 밀라노의 4가지 컬렉션을 가리켜 세계 4대 컬렉션이라고 부른다. 이 4대 컬렉션 기간 동안 톱 디자이너들의 패션쇼가 집중적으로 열리는데 이 기간을 '패션 위크(Fashion week)'라고 부른다. 패션 위크에는 세계 각국의 프레스, 패션 블로거, 바이어, 패션업계 관계자 및 셀러브리티 등 영향력이 큰 인사들이 초청을 받는다.

대개 남성복 컬렉션이 여성복 컬렉션보다 한 달 정도 먼저 열린다. F/W 컬렉션은 1~3월, S/S 컬렉션은 8~10월 사이에 개최되는 것이 대부분이다. 도시 간 협력 상황에 따라 다소 차이는 있으나 남성복 컬렉션은 주로 '밀라노-파리-뉴욕-런던', 여성복 컬렉션은 '뉴욕-런던-밀라노-파리'의 순으로 열린다.

각 컬렉션의 특징을 살펴보면 다음과 같다.

- 파리 컬렉션: 오랜 전통을 가지고 있으며, 예술적이면서도 화려한 작품으로 명성이 높다.
- 밀라노 컬렉션: 세계 최고의 원단으로 만든 고품격 디자인, 실용성을 겸비한 창의적 스타일을 자랑한다.
- 런던 컬렉션: 영국 전통의 귀족문화와 파격적 실험정신이 혼합된 독창적인 작품을 많이 선보인다. 다른 컬렉션과 비교할 때 상업적이지 않은 작품이 많이 등장한다.
- 뉴욕 컬렉션: 가장 상업적인 컬렉션이다. 7일간 100개 이상의 브랜드가 뉴욕 전역에 화려한 디자인을 선보인다. 다른 컬렉션과 비교할 때, 예술성보다는 실용적이고 상업적인 유통 비즈니스가 두드러진다. 누구나 입을 수 있는 편안하고 대중적인 디자인이 주를 이룬다.

4) 카탈로그 모델

카탈로그 모델(Catalog model)은 판매를 주목적으로 하는 옷이나 패션제품의 특징을 사진에 담아내는 직업군이다. 카탈로그란 제품의 정보를 담은 매체로, 과거에는 주로 제품 설명에 중점을 두었다면 최근에는 소비자들의 소득 수준이 높아지면서 카탈로그에 들어가는 사진이 점점 에디토리얼화되고 있다. 즉, 단순한 제품 정보 전달이 아닌 제품의 이미지를 명확하게 보여줌으로써 다른 제품과의 차별성을 소비자에게 어필하는 것이다. 따라서 모델의 창의력이 중요시되는 활동 분야이다.

5) 피팅 모델

피팅 모델(Pitting model)은 의류 제조사 또는 패션디자이너가 만들고자 하는 의상을 입어보는 일을 한다. 패션디자이너들은 옷을 만들 때, 피팅 모델에게 입혀봄으로써 해당 디자인을 평가하고, 기성복으로 만들기 전에 착용시 문제점은 없는지 등을 점검하여 최고의 제품을 제작할 수 있게 된다. 옷을 입어본 피팅 모델의 평가 등을 디자인 수정에 참고하기도 한다.

이 분야에서는 비주얼이나 멋진 워킹보다 어떤 옷에나 잘 맞는 신체 사이즈가 중요하다. 수많은 옷을 입어보고 품평회(물건이나 작품의 좋고 나쁨을 평하는 모임)에 참가하기도 한다. 최근에는 온라인 쇼핑몰이 많아지면서 키가 아주 크거나 극도로 마르지 않은, 일반적인 체형의 모델이 피팅 모델을 하는 경우도 있다. 또 고령화에 따라 실버산업이 성장하면서 이 분야에서 활동하는 중년 모델이 많아지는 추세이다. 모델의 이미지나 사이즈가 해당 브랜드와 잘 맞는다고 판단되는 경우, 계속해서 한 브랜드와 작업할 수도 있다.

6) 뷰티 모델

뷰티 모델(Beauty model)은 메이크업이나 헤어스타일에 맞추어 촬영을 하는 직업군이다. 뷰티 제품을 돋보이게 하는 데 중요한 역할을 하는 모델이다. 이들은 소비자의 아름다워지고 싶은 욕망을 자극하여 제품 구매로 이어지게 한다. 뷰티 모델이 되기 위해서는 결점 없이 깨끗한 피부와 매력적인 이목구비를 바탕으로 본인만의 감각적인 표정 연기를 선보이는 능력이 중요하다.

한국의 뷰티 시장이 세계적인 주목받으면서 화장품 모델에 대한 수요가 꾸준히 늘어나고 있다. 자신을 관리하고 외모에 투자하는 남성들도 많아지면서, 남성 뷰티 모델을 찾는 브랜드도 많아지고 있다.

7) 홈쇼핑 모델

홈쇼핑 모델(Home shopping model)은 홈쇼핑 채널에서 판매하는 제품을 착용하고 등장하거나 패션 또는 뷰티, 운동, 식품 관련 영상에 출연하는 직업군이다. 쇼호스트가 제품을 설명할 때 스튜디오에서 그것을 직접 입거나 시연하는 등의 형태로 화면에 등장하는 경우가 일반적이다. 편성표에 따라 상품이 바뀌더라도 채널은 종일 운영되기 때문에 모델의 수요가 꾸준하고 많은 편이다. 홈쇼핑, 케이블 TV, 광고 방송 등 다양한 채널이 존재하므로 시장성이 좋다고 할 수 있다.

홈쇼핑 채널의 급성장과 더불어 홈쇼핑 모델에 대한 관심이 높아지고 있다. 대개 얼굴이 예쁜 모델보다는 연기력이 좋은 모델이 선호된다. 상황별 연기력은 기본이고 순발력과 재치 등 연출력도 필요로 한다. 제품을 이해시켜 구매율을 높이기 위해서는 연기 및 연출이 필수이다. 홈쇼핑의 성격에 따라 의상뿐만 아니라 여러 가지 종류의 제품이 등장하기 때문에 매우 다양한 연령층이 홈쇼핑 모델로 활동하고 있다. 꾸준히 자기관리를 한다면 은퇴 없이 평생 일할 수도 있는 분야이다.

8) 부분 모델

부분 모델(Part model)은 일반적인 모델과 달리 상품화하고자 하는 신체 일부분이 부각되는 촬영을 한다. '얼굴 없는 스타'라고도 불리는 모델이다. 신체를 클로즈업하여 촬영하므로 해당 부분에 대한 세심하고 철저한 관리가 필수이다. 과거에는 메인 모델의 신체적 취약점을 보완하기 위해 부분 모델을 기용했다면, 요즈음에는 다양한 매체에 어울리는 전문적인 부분 모델의 수요가 늘고 있다.

부분 모델은 신체의 특정 부위만으로 느낌을 전달해야 하므로 표현력이 좋아야 한다. 해당 부분이 특별히 아름다워 보여야 하기 때문에 어려운 자세를 취해야 하는 경우도 많다. 이들에게는 신체 일부가 곧 상품과 같은 것이어서 일상생활에서 다치지 않도록 늘 조심해야 한다.

한국 패션의 근대화

해방 전후 한국의 복식문화는 일제강점기 시대의 탄압으로부터 민족의식을 고취하고자 하는 한복으로의 회귀 현상과, 활동이 간편하고 실용적인 서양식 의복, 즉 양장 착용의 유행이 공존하였다. 1920년대 이후 한국에 신여성이 증가하고, 여학생 교복이 양장으로 교체되면서부터 일반 여성 사이에서도 양장 착용이 점차 확산되었다. 1930년대는 의식주 근대화 운동이 일어난 시기로, 특히 여성들의 위생과 건강, 실용성, 여성미를 고려한 의복 개량 문제가 중요시되었다.

이러한 사회적 흐름에 따라 1934년에는 조선직업부인협회 주최로 종로청년회관에서 '여의 감상회'가 개최되었다. 현대 패션쇼의 효시가 된 '여의 감상회'에서는 개량한복, 가정복, 연회복, 문상복, 수영복, 작업복 등이 소개되었다. 이후 여성 신체의 곡선미를 드러내는 양장이 유행하면서 코트, 재킷, 세퍼레이트 슈트, 원피스, 블라우스, 스커트뿐만 아니라 구두, 모자, 숄, 스카프, 장갑, 핸드백 등 코디네이션에 유용한 액세서리 품목이 다양화되었다. 또 색의(色衣)를 권장하는 운동이 전개되면서 이전까지 전통으로 고수했던 흰색과 검은색 위주의 의복에서 벗어나 감색, 고동색, 녹색, 옥색, 분홍색, 자주색 등 색채가 있는 의복이 증가하였다.

대중에게 패션에 대한 개념이 전무했던 시절, 패션 교육의 선구자였던 디자이너 최경자는 1936년 일본 도쿄 오차노미즈 양장전문학교를 졸업하고, 귀국 후 1938년에 함흥양재학원을 설립했다. 국내 패션 교육의 시초가 된 함흥양재학원은 현재 국제패션디자인직업전문학교의 전신으로, 1949년 서울 아현동으로 이전하여 국제양재전문학원으로 개명하였다.

국내 패션 교육의 선구자(최정자(좌), 노라노(우))

최경자는 이후 1954년 서울 명동에 '국제양장사'를 개업하였으며, 후진 양성을 위한 '최경자 복장연구소'를 운영하였다. 1950년대 명동 일대는 '국제양장사'뿐만 아니라 '노라노', '노블양장점', '보그양장점', '송옥양장점', '아리사', '엘리제', '영광사', '한양장점' 등 유명 양장점이 위치했던 곳으로 주로 국회의원, 대사, 재벌급 인사의 부인 및 가수, 영화배우, 부유층의 의상을 맞춤 제작하며 대한민국의 유행이 시작되는 패션의 명가로 성업을 이루었다.

최경자는 앙드레김, 이신우, 이상봉, 루비나, 박윤수 등 유수한 국내 패션디자이너를 배출했을 뿐만 아니라 김시스터즈, 노경희, 박단마, 윤인자, 최경희 등 영향력 있는 당대 인기 가수 및 배우의 의상을 제작하며 맞춤 의상을 대중화시켰다.

1955년에는 한국 최초 패션 디자이너 모임인 '대한복식연우회'가 창설되었다. 대한복식연우회는 발족 후 복식 관련 용어를 일본어가 아닌 우리말로 바로잡고자 꽃꽂이, 양재, 인형, 자수, 편물, 한복 등 9개의 분과의 구성하고, 분야별로 전문 위원장을 선출하여 《우리말 양재용어집》을 정리하였다. 대한복식연우회는 일반 소비자를 대상으로 한국 최초의 패션 바자회를 개최했으며, 회원들이 직접 만든 우수한 상품을 판매하며 대성황을 이루어냈다.

또한 최경자 디자이너는 한국 잡지 사상 최초로 여성지 〈여원〉에 '모드(Mode)'란을 개설하였다. 패션트렌드에 대한 인식이 미비했던 시절, 젊은 여성 독자들에게 세계 패션 디자인의 경향을 제시하고자 유행 의상을 제작하고, 모델 사진과 의상 디테일, 소재, 컬러에 대한 해설이 포함된 칼럼을 기고하며 국내 패션 발전을 위해 노력한 것이다.

1960년대에는 세계 패션의 흐름이 오트쿠튀르에서 프레타포르테, 즉 기성복으로 변화하면서 우리나라에서도 맵시 있고 간편한 여성복 간소화 운동이 일어났다. 1960년대 이후 여성들의 교육 기회와 사회 진출이 확대됨에 따라 여성들은 소비문화의 주체가 되었고 디자인과 품질, 합리적인 가격을 모두 갖춘 기성복 산업이 크게 발전하였다. 또한 텔레비전의 보급으로 대중의 관심이 자연스럽게 영화에서 드라마로 이동하면서 광고 또는 드라마에서 탤런트가 착용한 의상, 가수들이 무대에서 착용한 의상이 주목을 받았다. 대표적인 예로는 가수 윤복희의 미니스커트, 펄시스터즈의 판탈롱 팬츠가 있다. 이것들은 노라노가 해외 패션트렌드를 적극 수용하여 제작한 것으로, 기성복으로 출시되며 인기를 끌었다.

(계속)

1970년대 우리나라는 산업화의 물결 속에서 섬유산업이 급성장하였다. 반도패션, 삼성물산, 코오롱, 화신 등 대기업이 의류제조업 사업에 착수하면서 디자이너 부티크에서 생산되던 기성복이 점차 대량생산되었다. 1974년에는 와라실업 주최와 월간의상사 주관으로 진과 데님을 소재로 한 '진웨어 전국 순회 패션쇼'가 개최되었다. 이후 우리나라는 매년 서울패션위크를 통해 패션쇼를 정기적으로 개최하고 있다. 국내 패션계는 짧은 역사에도 불구하고, 산업의 고도 성장과 함께 K-팝과 한류의 열풍에 힘입어 전 세계에 K-패션의 위상을 선보이고 있다.

비슷한 시기에 활약했던 패션디자이너 노라노(본명 노명자)는 근대적 자의식을 갖고 1948년에 미국 유학을 떠나 프랭크웨곤 테크니컬칼리지에서 의상을 전공했다. 그녀는 1950년에 귀국하여 명동에 '노라노의 집'이라는 양장점을 열었다. 1956년에는 유럽으로 연수를 떠나 니나 리치, 코코 샤넬, 크리스토퍼 발렌시아가, 크리스찬 디올 등 유명 디자이너의 작품과 경영 방식을 연구하며 국제적인 패션감각을 쌓았다. 노라노는 미국 유학과 유럽 연수를 통해 미국 기성복의 실용적인 스타일과, 프랑스 쿠튀르의 고급스러운 스타일을 국내 패션에 도입할 수 있었다.

연수를 마치고 돌아온 노라노는 같은 해 서울 반도호텔(현 롯데호텔)에서 한국 최초의 패션쇼를 개최하였다. 쇼의 1부에서는 국산 고려모직 원단을 소재로 한 코트, 블라우스, 슈트, 원피스 등 실용적인 양장 위주로 선보였으며, 2부에서는 한복에 사용되는 비단을 주 소재로 하여 로맨틱하고 우아한 이브닝드레스와 애프터눈드레스를 선보였다. 노라노의 패션쇼는 100% 우리나라 기술로 만든 의상으로 구성되어 사람들의 관심을 받았다.

1953년 미국 보도진 앞에서 열린 비공개 패션쇼

1974년 뉴욕에서 열린 실크 패션쇼

이후 노라노는 국내에서 연 2회 패션쇼를 개최하면서 서양의 패션스타일을 차용하되, 한국적인 미와 정서가 담긴 최신 의상을 선보였다. 또한 한국 영화의 전성기였던 1960년대에 여배우들의 의상을 주도적으로 디자인하였다. 그녀는 김지미, 엄앵란, 최은희, 최지희 등 당대 유명 여배우들과 여러 번 작업하면서 영화 의상 스타일링의 초석을 닦기도 했다.

우리나라의 패션계는 짧은 역사에도 불구하고 비약적으로 많은 발전을 이루었다. 2000년에 개최된 서울 컬렉션을 시작으로, 2009년 S/S 시즌부터는 세계 5대 패션 위크로 도약하고자 하는 염원을 담아 '서울패션위크'로 명칭을 바꾸어 매년 2회(3~4월 S/S, 10~11월 F/W) 정기 개최하고 있다.

서울패션위크는 국내 최상위 디자이너들의 글로벌 비즈니스 행사로 자리 잡아 신제품 발표, 신진 디자이너 발굴, 신인 등용문 등의 역할을 하고 있다. 또 국내외 패션 업체가 참여할 수 있는 박람회를 알선하여 바이어들을 연결하면서 산업이 커질 수 있는 비즈니스의 장을 만들어냈다. K-팝과 한류 열풍과 함께 세계에 K-패션의 위상을 높이고 있는 것이다.

CHAPTER

3

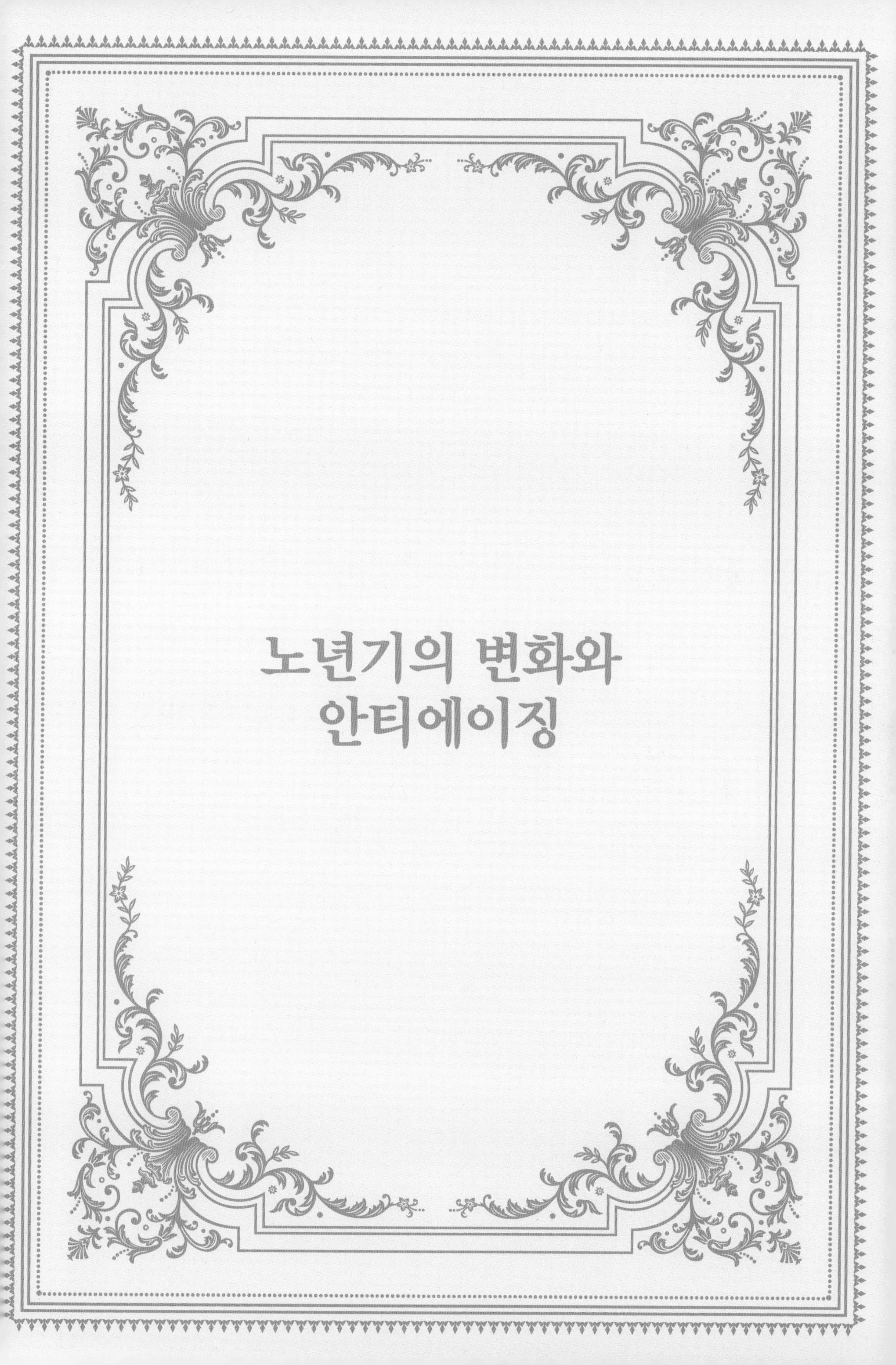

노년기의 변화와 안티에이징

1 노년기의 변화

인간은 나이가 들면서 신체 기능이 약화되는데 이러한 현상을 '노화'라고 부른다. 인간은 신체에 변화가 생기면 심리적 변화와 함께 사회적 역할의 변화도 경험한다. 노화는 누구나 겪는 당연한 과정이며, 개인의 생활습관에 따라 각기 다른 형태로 나타날 수 있다. 이는 피할 수 없는 것으로 우리에게 다가올 노화를 미리 알고 즐겁게 대응하면 삶의 질을 높일 수 있을 것이다.

1) 신체적 변화

인간은 나이가 들면 근육이 짧아지고 골밀도가 낮아지며, 관절의 가동범위 위축과 동시에 근육량이 감소되며 활동 범위도 줄어든다. 에너지 소비량도 나이가 들어갈수록 현저히 떨어지고 팔과 다리는 가늘어지며 배 부위에 지방이 쌓이는 현상이 흔히 나타난다. 영화 〈ET〉에서 보던 바로 그 체형이라고 생각하면 알기 쉽다. 특히 여성은 폐경기 이후 호르몬 분비가 줄어들면서 뼈 건강이 악화되고 골밀도가 떨어진다.

2) 심리적 변화

우리 사회는 50대 이후부터 구조적 문제에 따라 비자발적으로 은퇴하는 사람들이 많다. 퇴직으로 인한 소속감 결여, 경제적 위축에 따르는 우울증과 스트레스는 중년의 삶의 질을 저하시키는 요인이다. 이 시기에는 많은 중년들이 이전에는 느끼지 못했던 심리적·신체적 어려움을 겪으면서 누군가에게 의존하려는 경향을 보인다.

빠르게 변화하는 시대에 대한 소외감도 50대 이후에 나타나는 큰 변화라고 할 수 있다. 소외감은 스트레스와 불안감을 유발한다. 은퇴로 인한 심리적 스트레스는 여가 활동과 신체 단련, 에너지 표출을 통해 풀 수 있으며 이를 통해 심리적인 안정감을 얻을 수 있게 된다.

3) 사회적 변화

나이가 들어감에 따라 사회적 역할도 변한다. 대부분의 시니어는 '자녀에게 폐를 끼치지 않겠다' 혹은 '죽을 때까지 건강하게 살고 싶다'는 생각을 갖게 된다. 시니어가 되면 사회적으로 큰 변화를 경험하게 된다. 이 시기에는 회사 등 다양한 사회적 집단을 떠나 주요 활동 범위가 가정으로 좁아진다.

은퇴 전 시니어들은 회사에서는 업무를, 가정에서는 경제적 책임을 맡고 있었다. 그러다가 은퇴 후 자신의 역할이 없어지거나 급변하면서 본인의 존재감과 앞으로 다가올 미래의 삶에 대해 진지하게 생각해보게 된다. 이러한 변화를 기꺼이 받아들이는 사람도 있지만, 하던 일을 잃게 되어 심리적으로 큰 부담을 느끼는 사람도 많다. 하지만 변화하는 시대의 흐름에 맞추어 살기 위해서는 새로운 기술과 삶의 방식을 배우고 습득해야 할 것이다.

2

안티에이징

신체 노화는 세월과 함께 나타나는 것으로 누구도 막을 수 없다. 지금 이 순간에도 시간은 흘러가고 우리의 피부와 장기가 나이를 먹으며 노화를 맞이하게 된다. '100세 시대', '초고령사회'라는 말이 심심치 않게 들려오면서 아름답게 잘 늙어가는 '웰에이징(Well-aging)'이 각광받으며 시니어 세대의 건강과 노화에 대한 관심이 많아지고 있다.

자연스럽게 나타나는 노화 현상

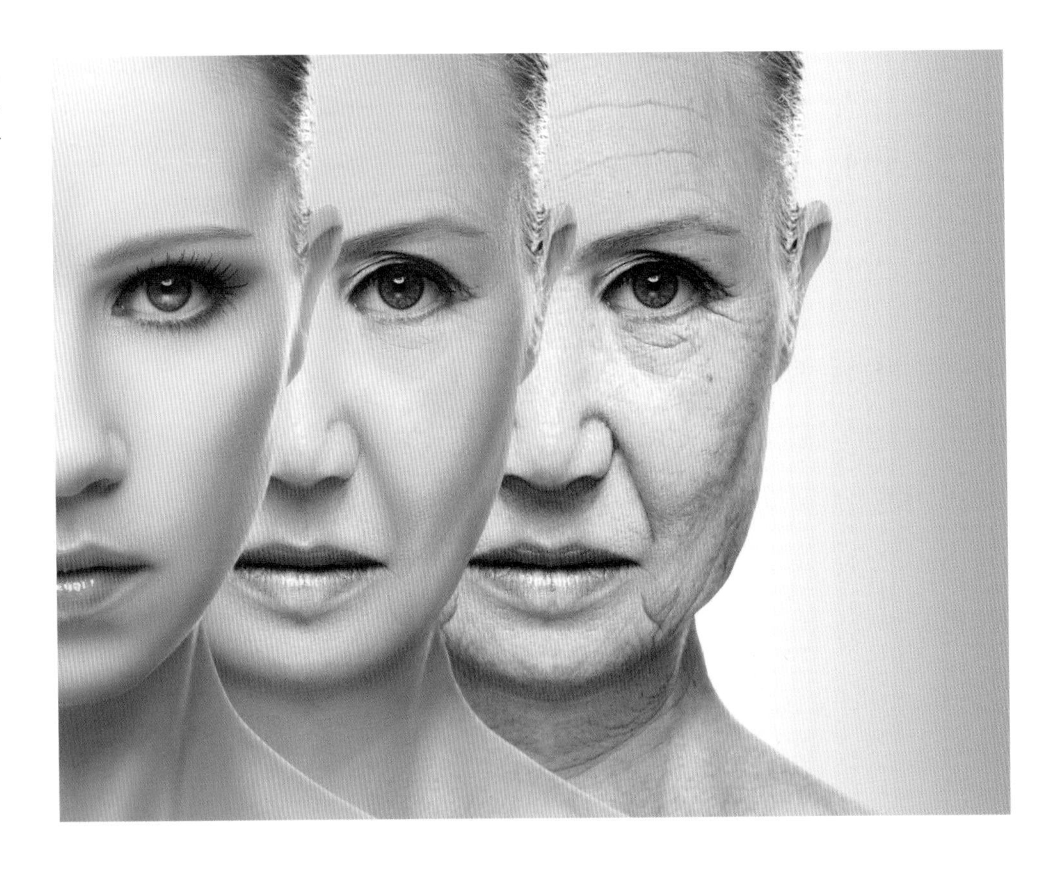

잘 늙는 것을 의미하는 '웰에이징'과 비슷한 개념인 '안티에이징(Anti-aging)'은 '노화 방지', '항노화'라는 뜻을 가진 단어이다. 안티에이징이 노화를 최대한 막고 피하는 데서 시작된다면, 웰에이징은 현재 자신의 나이를 받아들이고 스스로 노력하고 수용하는 데서 시작된다. 예나 지금이나 건강하고 아름다워지고 싶은 사람들의 욕망은 같을 것이다. 이집트의 클레오파트라와 중국의 진시황 역시 불로장생과 노화 방지를 간절히 원하고 열망하였다. 지금부터는 우리 몸의 노화를 막는 강력한 안티에이징 방법을 알아보도록 하자.

1) 식품을 통한 안티에이징

안티에이징을 돕는 대표적인 식품으로는 물, 토마토, 블루베리, 가지, 연어, 브로콜리, 석류, 시금치가 있다. 그 밖에 항산화 작용이 뛰어난 식품인 마늘, 양배추, 딸기, 파프리카, 당근, 미역, 톳, 다시마, 레드와인, 청국장, 호두, 잣, 무, 검은콩 등도 안티에이징을 돕는 식품이다.

스트레스와 불규칙한 식생활은 영양 섭취를 불량하게 만들어 쉽게 영양 결핍을 불러온다. 특히 음식을 천천히 꼭꼭 씹어 먹는 식습관을 생활화하는 것은, 남은 삶의 질과 건강을 지키는 가장 중요한 일이자 장수의 비결이라고 할 수 있다.

(1) 물

식품을 통한 안티에이징에서 가장 중요한 것이 바로 물이다. 우리 몸의 70% 이상이 물로 이루어졌음에도 불구하고 물을 마시지 않는 사람들이 많기 때문이다. 잘나가는 연예인들이 아름다운 것은 엄청난 돈과 놀라운 비법 때문이 아니다. 그들은 물을 정말 많이 마신다. 또 꾸준히 운동하고, 비타민 등 영양제를 챙겨먹고, 기초 화장품과 자외선 차단을 위한 선블럭을 애용한다. 따라서 그들처럼 아름답고 건강해지고 싶다면 매일 충분한 물을 마시는 생활습관을 갖추어야 한다. 틀림없이 놀라운 변화를 느낄 수 있을 것이다.

안티에이징을 돕는
물 섭취

그렇다면 물은 얼마나 마셔야 할까? 물은 하루에 최소 2L 이상을 마시는 것이 권장된다. 우리 몸에 수분이 부족하면 피부 건조와 노화로 직결되기 때문이다. 그러나 막상 2L 이상의 많은 물을 마시기가 힘들 수 있는데 이럴 때 건조과일이나 레몬, 자몽, 라임 등을 넣어서 마시면 몸의 독소 배출과 동시에 비타민 섭취를 몇 배나 더 많이 할 수 있다. 맹물을 많이 마시기 힘들다면 권장하는 방법이다. 이렇게 물을 조금씩 꾸준히 자주 마시는 습관을 들이면 보다 수월하게 2L 이상의 물을 마실 수 있게 된다.

물은 우리 몸 전체를 순환하며 혈액 순환, 체온 조절, 산소 운반과 소화 촉진, 가스 배출 등 생명 유지에 중요한 역할을 수행한다. 또한 건조한 피부를 촉촉하게 유지해주고, 변비를 예방해주며 각종 암 예방(특히 신장암과 대장암)에 도움을 준다는 것을 잊지 말아야 한다.

(2) 토마토

토마토

토마토는 채소와 과일의 두 가지 특성을 모두 가진 완전식품이다. 세계 10대 슈퍼푸드로 선정된 토마토 속에는 라이코펜이라는 성분이 들어있어, 우리 몸에서 노화의 원인이 되는 활성산소를 체외로 배출하여 노화를 방지해주고 암 예방에 탁월한 효과를 보인다. 특히 비타민 E, 비타민 C 등이 풍부하게 함유되어있어 자외선으로부터 피부를 보호하고, 피부 재생과 탄력 회복에 효과를 낸다. 빨갛게 익은 토마토를 프라이팬에 올려 익혀 먹으면 생토마토를 먹을 때보다 라이코펜을 다섯 배나 많이 흡수할 수 있다.

(3) 블루베리

블루베리는 미국 〈타임〉이 선정한 대표적인 10대 슈퍼푸드 중 하나이다. 우리나라에도 미용과 건강에 효능이 있다는 것이 알려지면서 즐겨 먹고 있는 식품이다. 블루베리는 다른 과일보다 설탕이 적게 들어있으며, 식이섬유가 풍부하고 비타민과 미네랄도 많이 들어있어 피부 미용에 효과적이다. 블루베리 외에도 허클베리, 링곤베리, 라즈베리, 크랜베리 등 모든 베리류에 노화를 방지해주는 천연 항산화물질이 많이 함유되어있다.

블루베리

(4) 가지

가지는 90% 이상이 수분으로 이루어져 있다. 특유의 보라색을 내는 안토시아닌 성분은 몸에 해로운 중성지방의 수치를 낮추어주고 강력한 항산화 성분으로 작용하여 노화의 원인인 활성산소를 제거해주는 역할을 한다. 또 수분과 식이섬유가 풍부하게 들어있어 장 운동을 도와 변비를 예방하고 혈액 내 침전물을 막아 혈액을 맑게 해준다. 성인병 예방, 갈증 해소, 면역력 강화, 항암 등에도 효과가 있다.

가지

여름철의 대표식품으로 꼽히는 가지에 참기름이나 들기름을 살짝 넣고 무쳐 먹거나 식물성 기름을 두르고 튀김이나 전 등을 만들어 먹는 것도 좋은 섭취 방법이다. 이렇게 하면 항암에 좋은 성분이 80% 이상 유지되어 건강에 이롭다.

(5) 연어

연어에는 DHA, EPA, 오메가-3 지방산이 풍부하게 함유되어있다. 특히 연어에 들어있는 강력한 오메가-3 지방산은 뇌에 영양분을 활발하게 공급하여 동맥경화, 심장병, 뇌졸중, 고혈압 등의 질환과 뇌혈관 질환을 예방하는 데 도움을 준다. 또한 피부 모공을 막아주고 미세한 주름을 효과적으로 제거해주어, 시니어모델의 피부 미용에 좋은 효과를 줄 수 있다. 연어에 포함된 강력한 항산화 물질인 카로티노이드과 아스타잔틴이 노화를 일으키는 활성산소를 없애고, 피부 탄력성을 개선하는 데 도움을 주기 때문이다.

연어

브로콜리

(6) 브로콜리

브로콜리는 미국 〈타임〉이 선정한 10대 슈퍼푸드이다. 건강 및 운동과 관련해서 몸에 좋은 식품을 추천할 때 항상 빠지지 않고 등장하는 식품이기도 하다. 다이어트를 꾸준히 하는 프로모델들이 꼭 챙겨 먹는 녹색 채소로, 강력한 항산화 성분인 베타카로틴을 풍부하게 함유하고 있어, 눈에 피로를 덜어주고 눈가의 탄력과 주름을 예방해주는 효과가 있다. 또한 레몬의 두 배에 달하는 비타민 C가 들어있어 피부 저항력이 상승되고 활성산소를 제거하여 노화 방지 및 미백에 효과적이다. 국립암연구소에서 꼽은 항암 식품 1위에 선정되기도 했다.

석류

(7) 석류

석류는 세기의 미인으로 불리는 동양의 양귀비와 서양의 클레오파트라가 즐겨 먹었던 식품으로, 여성에게 좋은 대표적인 과일이다. 석류에는 비타민 C와 천연 여성호르몬인 에스트로겐이 풍부하게 함유되어있어 중년 여성, 특히 갱년기 여성들에게 이롭다. 또 항산화 물질이 많이 들어있어 강력한 안티에이징과 피부 탄력 및 주름 개선에 탁월한 효과를 보인다.

시금치

(8) 시금치

시금치는 각종 비타민 A가 다량 함유되어 세포 재생 능력과 피부를 맑게 가꾸는 데 뛰어난 효과를 내는 슈퍼푸드이다. 시금치에는 노화 방지 특성이 있는 것으로 밝혀진 루테인이라는 물질이 들어있어 그만큼 안티에이징에 효과적이다. 또 풍부한 식이섬유와 엽산, 철분이 들어있어 원활한 배변 활동을 도와 장 건강을 좋게 해준다. 뽀빠이가 시금치를 먹으면 엄청난 힘을 얻는 것처럼, 시금치에는 엄청난 영양분이 함유되어있다. 시금치는 조리해 섭취하면 수분과 영양 공급을 도와 동안 피부를 만드는 데 도움을 준다.

2) 호흡법을 통한 안티에이징

(1) 복식호흡의 이해

우리는 태어나서 죽을 때까지 숨을 쉰다. 호흡이 멈춘다는 것은 죽음을 뜻한다. 호흡은 인간이 살아가는 데 꼭 필요한 요소이다. 기초화장을 잘하고 순서대로 메이크업을 해야 시간이 흐른 뒤에도 지속력이 떨어지지 않는 것처럼, 호흡을 제대로 하고 활동해야 건강한 신체를 유지할 수 있다.

호흡은 가장 원초적인 인간의 신체활동이다. 시니어모델이라면, 복식호흡하는 법을 익히고 밸런스 워킹으로 건강한 신체를 유지할 수 있다.

(2) 복식호흡의 효과

- 에너지 소비: 복식호흡은 시간과 장소의 제약 없이 할 수 있는 운동이다. 복식호흡 1시간은 걷기 25분, 자전거 타기 30분과 같은 에너지를 소비한다.
- 심폐기능 향상 및 소화장애 예방: 복식호흡은 대장에 지속적인 자극을 주어 변비와 소화장애의 치료효과가 있다. 복식호흡을 하는 과정에서 자연스럽게 장운동이 되어 뱃살 제거의 효과도 얻을 수 있다.
- 스트레스 해소와 집중력 향상: 복식호흡을 하면 스트레스가 일부 해소되며, 집중력도 향상된다.
- 고혈압 예방: 복식호흡은 말초혈관을 확장시킨다. 이로 인해 말초혈관의 저항이 감소되면 혈류의 속도가 느려져 혈압이 떨어지는 효과를 볼 수 있다.
- 우울증·불면증 치료: 복식호흡을 하면 부교감신경이 자극받아 심장박동이 안정되고, 산소 공급이 증가되면서 근육이 이완된다. 스트레스, 불면증, 두통, 신경성 장애의 치료효과가 있다.
- 피부미용: 복식호흡으로 장 운동이 활성화되면 몸속 숙변이 제거되면서 어두워진 피부, 기미, 여드름 등이 치유되어 피부 미인으로 거듭날 수 있다.

(3) 복식호흡 운동 방법

복식호흡 훈련을 하면 힘과 폐활량이 좋아지기 때문에 무대 위에서 안정감 있는 밸런스 워킹을 할 수 있다. 프로 모델이라면 복식호흡을 할 줄 알아야 한다. 여기서는 호흡하는 방법을 최대한 알기 쉽게 정리해보도록 한다. 복식호흡 운동은 크게 누워서 하는 방법과 서서 하는 방법으로 구분된다.

① 누워서 하는 복식호흡

집에서 누운 자세로 자연스럽고 편안하게 할 수 있는 호흡법이다.

- 누운 자세에서 몸을 최대한 이완시키고 손은 편안하게 바닥에 내려놓는다. 척추와 골반을 바르게 하고 무릎을 굽힌다.
- 두 번째 호흡을 입으로, 남김없이 내뱉는다.
- 호흡을 완전히 소진했다면, 코를 통해 산소를 가능한 한 천천히 배 안으로 최대한 들이마신다. 이때 어깨나 팔 및 다른 부위의 힘을 빼고 이완된 상태를 만들어야 한다.
- 숨을 최대한 마신 상태로 복압이 약간 느껴질 정도로 밀어준다. 3~5초 정도 멈춘다.
- 입으로 천천히 배 속에 숨이 하나도 남지 않게 숨을 내쉰다.

Tip 호흡이 숙련되면 최소 하루 2회 이상 반복 훈련한다.

누워서 하는
복식호흡 자세

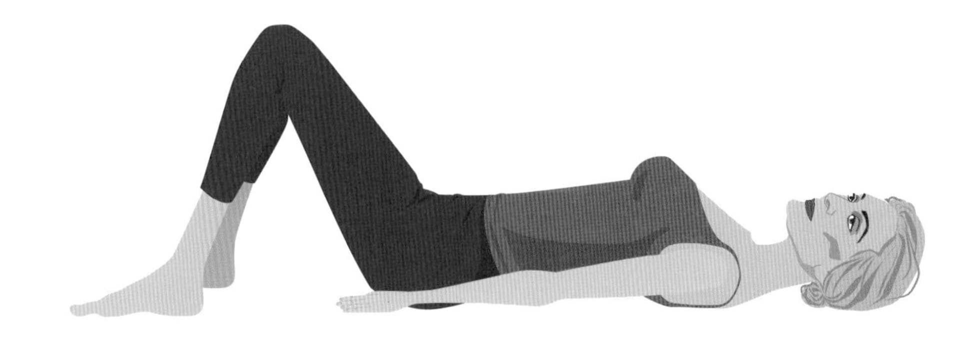

② 서서 하는 복식호흡

서서 하는 복식호흡은 누워서 하는 복식호흡법과 거의 비슷하다. 선 상태로 누워서 하는 복식호흡의 두 번째부터 마지막까지의 동작을 수행하면 된다. 주의할 점은 어깨가 올라가지 않아야 한다는 것이다. 또 들이마신 숨을 배꼽 아래 5cm 지점, 거기서 다시 배 안으로 5cm 정도 되는 지점에 모으고 괄약근과 항문은 최대한 오므린 후 정중앙 쪽으로 힘을 모아주도록 한다.

Tip 복식호흡 도중 어지럽거나 구역질 또는 몸이 저린 현상이 나타난다면, 무리하지 말고 누운 자세에서 호흡하는 편이 낫다.

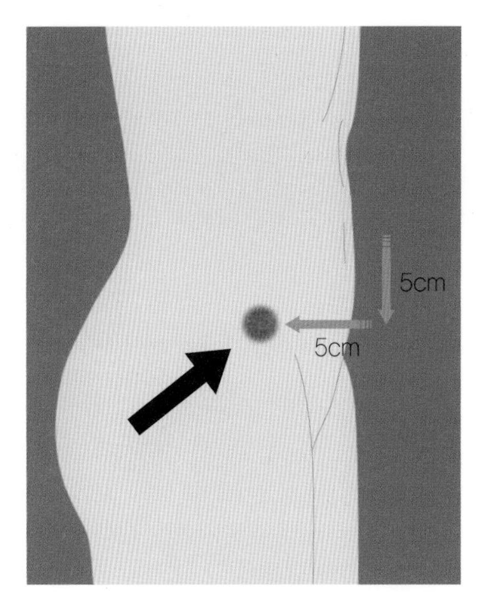

서서 하는
복식호흡의 원리

3) 스트레칭을 통한 안티에이징

누구나 세월이 흘러도 젊고 탄력 있는 몸매를 가지고 싶어 한다. 얼마나 오래 사느냐보다 얼마나 오래 건강과 젊음을 유지하면서 행복한 노후를 보내느냐에 집중하는 시니어들이 많아지고 있다. 하지만 나이가 들어가면서 뼈와 근육이 위축되고 노쇠하는 것은 어쩔 수 없는 일이다.

시니어모델로서 오랫동안 건강하고 아름다운 몸매를 유지하려면 어떻게 해야 할까? 이때 가장 쉽게 할 수 있는 운동이 바로 스트레칭(Stretching)이다. 스트레칭은 신체 부위의 근육(Muscle) 및 건(Tendon)을 펴거나 늘리는 운동으로, 요가에서 유래된 것으로 전해진다. 스트레칭을 하면 근육이나 인대, 건 등의 긴장이 풀리고 근육이 자극되어 관절의 가동 범위가 확대되고 유연성을 유지 및 향상시키고 상해를 예방하는 데 도움을 줄 수 있다. 스트레칭의 일반적인 원리는 자연 상태보다 근육을 확장시켜 늘려주는 것이다. 보통 정상적인 근육 길이보다 약 10% 이상 길이를 늘려주어야 유연성이 향상된다.

현대사회는 급속한 과학 발전에 따라 스포츠 역시 체계적으로 시스템화되었고, 모든 스포츠에 기본적인 운동 방법으로 스트레칭이 포함되었다. 따라서 오늘날 대부분의 운동이 '준비운동-본운동(play)-마무리 정리운동(stretching)' 순으로 진행된다. 운동의 시작과 끝에 배치되는 것이 바로 스트레칭이다.

스트레칭은 목-어깨-팔-손목, 등-가슴-옆구리-다리 순으로 위에서 아래로 진행한다. 시니어모델의 경우 신체 특성에 따라 충분히 이완을 하고 뼈와 근육에 무리가 가지 않도록 충분히 웜업(Warm-up)을 해야 한다. 이러한 동작은 시니어모델이 워킹에 적응하기 좋도록 신체의 컨디션을 최적화시켜준다. 스트레칭 시간은 10~15분 사이로 하여 몸에 촉촉한 땀이 날 정도로 하는 것이 중요하다. 이렇게 지속적으로 3개월간 매일 꾸준히 스트레칭한다면, 근육의 상해 방지는 물론 유연하고 탄력 있는 몸매를 가질 수 있다.

(1) 목

① 깍지 낀 후 손을 뒤 머리에 대고 아래쪽으로 지그시 눌러준다. 두 엄지손가락을 턱에 대고 뒤로 밀어준다.

② 오른손을 왼쪽 머리 부분에 얹은 후 옆으로 서서히 당긴다.

Tip 반대편도 같은 방법으로 실시한다.

목 스트레칭

(2) 어깨

① 오른쪽 팔을 왼쪽 가슴으로 뻗은 후 왼쪽팔로 오른쪽 팔꿈치를 끌어 당긴다.

Tip 반대편도 같은 방법으로 실시한다.

② 두 팔을 머리위로 올린 후 왼손으로 오른쪽 팔꿈치를 잡고 아래로 지그시 눌러준다.

Tip 반대편도 같은 방법으로 실시한다.

어깨 스트레칭

(3) 팔과 손목

① 오른손을 뻗은 후 왼손으로 오른쪽 팔꿈치를 잡고 앞으로 당긴다.

② 오른손을 뻗은 후 손등을 아래쪽으로 한 다음 왼손으로 오른쪽 손을 당긴다.

Tip 반대편도 같은 방법으로 실시한다.

팔과 손목 스트레칭

(4) 등과 가슴

① 숨을 천천히 마시면서 양손을 허리에 대고 상체를 뒤로 젖힌다. 앞으로 두 손을 뻗어 깍지를 끼고 손바닥이 바깥쪽을 향하게 한 다음 무릎을 굽히면서 등 부분이 굽혀지도록 두 팔을 쭉 뻗는다.

② 양팔을 벌리고 하늘을 보며 가슴을 내밀어 등 근육과 허리 근육을 늘려준다.

등과 가슴 스트레칭

(5) 옆구리와 허리

① 양손을 머리 뒤에 두고 오른쪽으로 천천히 호흡을 뱉으며 허리를 굽힌다.

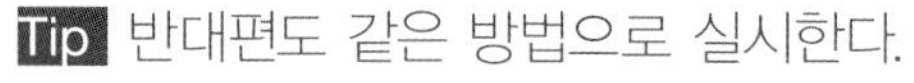

② 양손을 허리에 대고 원을 그리며 허리 관절을 늘려준다.

Tip 반대편도 같은 방법으로 실시한다.

옆구리와 허리 스트레칭

(6) 다리

① 오른쪽 발끝을 잡고 뒤로 잡아당긴다.

Tip 반대편도 같은 방법으로 실시한다.

② 양발을 넓게 벌린 후 양손을 무릎에 대고 안쪽을 늘리며 허리를 오른쪽으로 틀어준다.

Tip 반대편도 같은 방법으로 실시한다.

다리
스트레칭

한눈에 보는 스트레칭

1 고개 숙여 뒷목 늘리기
2 머리 들어 목 올리기
3 옆으로 목 늘이기

4 어깨 당겨 늘이기
5 머리 뒤로 팔꿈치 누르기
6 팔 안으로 당기기
7 손목 안으로 당기기

14
다리 넓게 벌려
안쪽 늘이기

13
오른쪽 발끝 잡고
뒤로 당기기

12
양손 허리에 대고
관절 늘리기

11
양손 머리 뒤에 두고
허리 늘리기

10
양팔 벌리고
하늘 바라보기

9
무릎 굽히고 두 팔 뻗기

8
상체 뒤로 젖히기

Tip 동작을 왼쪽으로 수행했다면, 방향을 바꾸어 오른쪽으로도 수행해본다.

4) 걷기 운동을 통한 안티에이징

바르게 걷기만 해도 전신의 질환을 예방할 수 있다. 걷기 운동은 가장 안전하고 효과적인 운동 방법으로 장소나 시간, 경제적 투자 없이도 누구나 쉽게 시작할 수 있다. 미국대학저널의 〈The Importance of Walking to Pubic Health〉에 따르면 걷기 운동은 노화에 따라 발생하는 여러 가지 질병을 낮게 하는 데 도움을 줄 수 있다.

노년의 근육은 연금보다 좋다고들 한다. 나이가 들면서 보행 속도가 느려지는 것은 노년기의 근육 감소로 인한 대표적인 노화현상이다. 나이가 들면 고강도 운동보다는 걷기 운동과 같은 중강도 운동에 대한 선호도가 높아진다. 걷기 운동은 생활습관병과 만성질환에 효과적이고 특히 고령자들에게 알맞은 주요 건강 관리요법으로 주목받고 있다.

걷기 운동의 효과를 얻으려면 평상시보다 보폭을 10cm 넓혀 걸음과 동시에 속도를 조금 내어야 몸에 열이 나면서 에너지 소비율이 높아지고 혈액순환도 촉진되어 몸속 노폐물과 체지방 감소에 도움이 된다. 이렇게 꾸준히 보폭을 넓혀서 걷기 운동을 하면, 엉덩이 근육이 발달되고 다리와 허리 근력이 향상되면서 허리가 꼿꼿하게 펴지는 자세교정 효과를 경험할 수 있다. 개인의 신체능력과 수행능력에 따른 꾸준한 운동은 스트레스, 고혈압, 요통, 불면증, 혈관질환, 뇌졸중, 치매, 폐질환 등이 나아지는 데 도움을 줄 수 있다.

걷기 운동만 잘해도 예방되는 질환

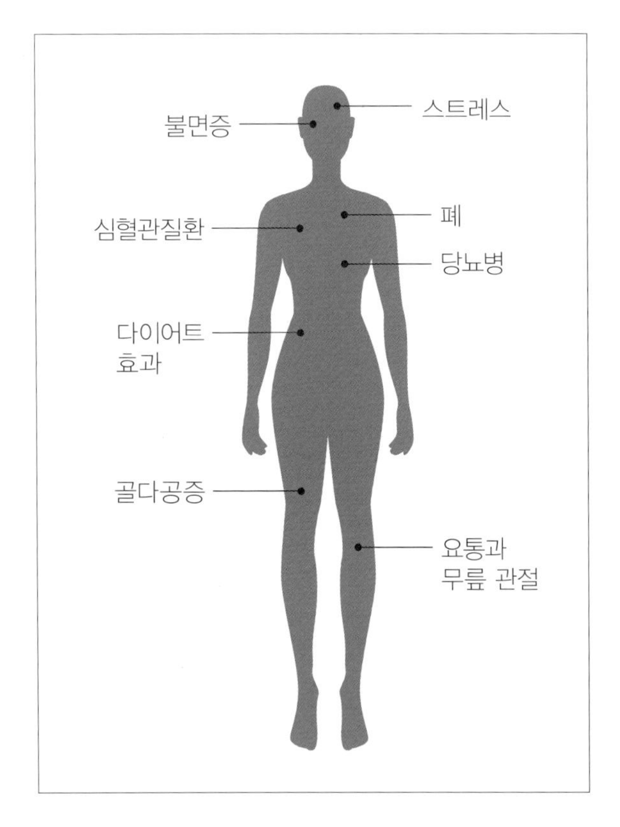

(1) 심혈관질환

걷기 운동을 꾸준히 하면 혈액 순환이 개선된다. 또 우리 몸에 좋은 콜레스테롤(HDL) 수치가 올라가고, 나쁜 콜레스테롤(LDL) 수치와 중성지방 수치가 낮아져서 심장 마비, 뇌졸중, 동맥질환의 위험을 줄일 수 있다.

(2) 다이어트 효과

걷기 운동은 유산소 운동으로, 운동 강도가 낮은 데 비해 체지방 연소량이 높아 체중을 감량에 매우 효과가 좋다. 비만이나 과체중을 예방하는 데도 좋다.

(3) 골다공증

걷기 운동을 통해 지속적으로 근육과 뼈를 자극하면, 뼈의 골밀도가 유지 및 향상되어 골다공증이 예방된다.

(4) 요통과 무릎 관절

척추를 바르게 세우면 하체가 강화되고, 무릎이나 척추가 받는 부담을 분산시킴으로써 허리 통증도 완화된다.

(5) 당뇨병

평상시 꾸준히 바르게 걷는 운동을 하면 근육과 지방세포의 인슐린 작용이 원활해져서, 당과 지방이 많이 소비되고 고혈당이 방지된다.

(6) 스트레스

걷기 운동은 스트레스 해소에 효과적이다. 이 운동은 뇌에 적당한 자극을 주어 편안하고 안정된 상태를 만드는 베타엔돌핀이 형성되어 스트레스와 불안이 개선된다.

(7) 폐

충분한 양의 산소를 폐 속 깊이 공급하면 폐의 기능이 향상된다. 또 면역력이 좋아져서 감기나 각종 기관지 질환 예방에도 효과가 있다.

(8) 불면증

햇볕을 쬐면서 꾸준히 걷다 보면 세로토닌의 분비가 활성화되어 불면증 해소와 숙면에 도움이 된다.

5) 코어운동을 통한 안티에이징

시니어모델에게 코어(Core)운동이란, 일종의 연금보험이라고 할 수 있다. 오늘날에는 의학 발달과 생활수준 향상으로 수명이 많이 늘어나 자칫하면 아프고 불편한 몸으로 100세를 살게 될 수도 있다. 하지만 인간이라면 누구나 건강을 유지하며 아름답게 사는 것을 원할 것이다. 시니어에게 코어 근육이란 아무리 강조해도 지나치지 않다.

인간은 나이가 들면서 몸의 중심인 코어 근육이 무너지며 신체에 변형이 생기게 된다. 이에 따라 뼈와 근육이 위축되어 등이 굽고, 허리가 약해지면서 각종 질환이 발생하는데, 고령화사회에는 이에 따른 사회적 비용이 크게 증가할 것이다.

(1) 코어의 정의

코어는 본래 중심이라는 뜻으로, 인체를 지칭할 때는 '몸의 중심'이라는 뜻으로 사용된다. 몸의 가운데를 일컫는 코어에는 무게중심이 위치하며, 이곳에서 인간의 모든 움직임이 시작된다. 일반적으로 코어 근육이란 등, 복부, 엉덩이, 골반근육을 말하는 것으로 이들은 모델에게 가장 필요한 중심 근육이다.

코어 근육은 척추와 장기를 안정화시키고 외부로부터 보호해주며 우리 몸의 기둥으로 작용하여 균형을 잡아주는 역할을 한다. 만약 코어가 약하면, 식당 개업식의 바람인형마냥 제대로 서 있을 수 없을 것이다.

(2) 코어운동의 실제

스트레칭을 충분히 해서 근육 길이를 늘려주었다면 운동 시 체력 강화, 부상 방지를 위해 코어운동을 하길 권한다. 여기서는 대표적인 코어운동인 플랭크, 리버스 플랭크, 런지, 스쿼트, 브릿지, 슈퍼맨 자세에 관해 알아보도록 한다.

① 플랭크

- 바닥에 엎드린 상태로 몸을 1자로 곧게 펴고 팔꿈치가 수직이 되게 하며 트라이앵글 포지션을 만든다.
- 발끝으로 몸을 지탱하며, 코어에 집중한다. 이때 엉덩이가 바닥으로 내려가지 않아야 한다. 머리부터 발끝까지 일직선이 되도록 하여 20초간 유지하고, 총 3세트를 반복한다.

Tip 시간과 횟수는 단련도 및 숙련도에 따라 천천히 늘려나간다.

효과 플랭크는 몸의 체지방을 연소시키고 탄력 있는 몸매를 만들어주며 인체의 핵심이 되는 코어 근육, 몸의 앞쪽 복직근을 단련시켜준다. 이 운동은 요통이나 척추측만증에 효과가 있으며, 바른 자세를 만드는 데도 도움을 준다.

플랭크 자세

② 리버스 플랭크

- 바닥에 앉아서 다리를 뻗고 앉는다. 팔과 다리로 몸을 지탱하며, 골반을 바닥에서 들어올린다.
- 자세를 계속 유지하고 엉덩이가 바닥으로 처지지 않도록 둔근에 지속적으로 힘을 준다. 1분간 유지한다.

효과 뒤태 라인을 만드는 대표적인 운동이다. 둔근 발달에 효과적이다.

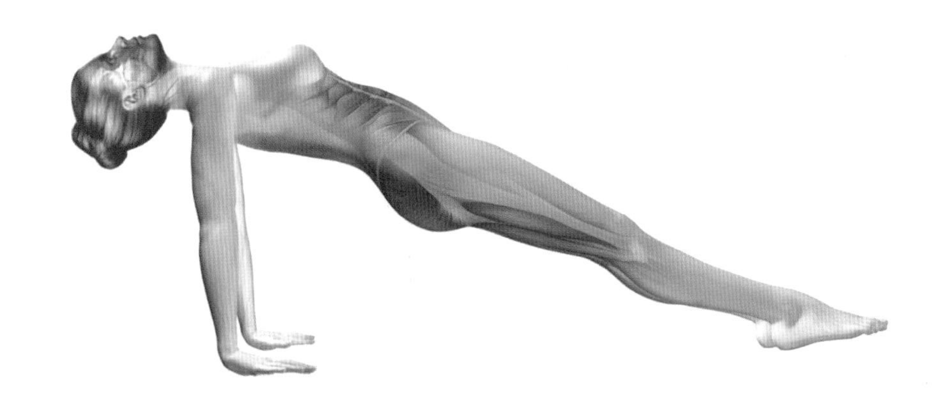

리버스 플랭크 자세

③ 런지

- 두 발을 골반 너비로 벌리고 허리에 손을 올린다.
- 숨을 들이마시면서 등과 허리를 바르게 편 상태에서 왼쪽 무릎을 90° 구부린다. 반대편 오른쪽 무릎은 바닥에 닿기 직전까지 내린다.
- 다시 천천히 몸을 일으켜 처음 자세로 되돌아온다. 발을 바꿔서도 실시한다. 매일 10회씩 3세트 반복한다.

효과 '돌진하다', '찌르다'라는 의미를 가진 이 운동은 대퇴사두근 강화, 대둔근 발달, 몸의 좌우대칭을 맞추는 데 도움이 된다.

런지 자세

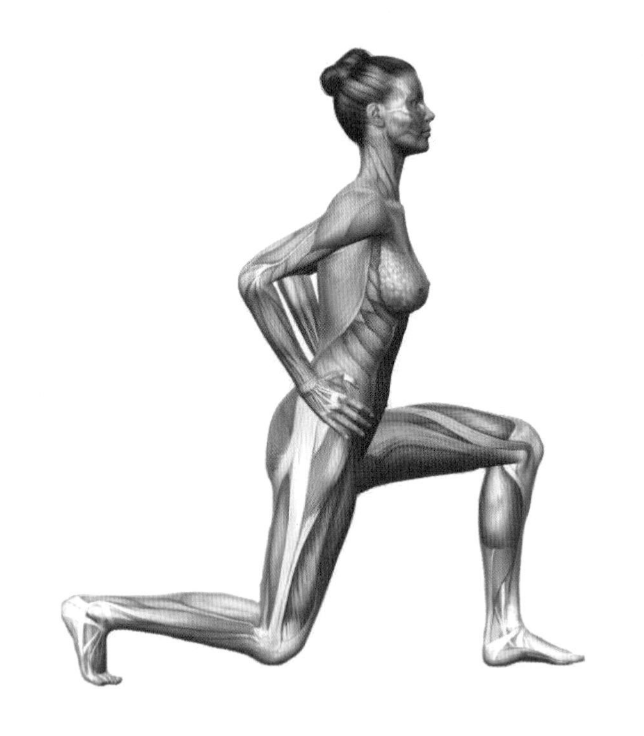

④ 스쿼트

- 다리를 어깨너비로 편안하게 벌린 상태에서 팔은 수평이 되게 11자로 쭉 뻗는다. 그다음 서서히 무릎을 굽히며 허벅지가 평행이 될 때까지 앉는다.
- 허리는 꼿꼿이 세우고, 시선은 전방 15°를 바라본다. 발 모양은 11자가 아닌 살짝 八자가 되게 하는 것이 좋다. 이때 무릎이 발끝을 넘지 않도록 주의한다.
- 이러한 동작을 한 세트당 8~12회 사이에서 수준에 맞게 반복한다.

효과 스쿼트(Squat)는 세계적으로 가장 많이 사용되는 대표적인 하체 운동이다. 하체 단련뿐만 아니라 복근과 척추 주변 근육까지 단련시켜준다. 기본적으로 대퇴사두근, 대둔근 등 하체에 자극을 주며, 일반 머신 운동만으로는 하기 어려운 등하부근육과 전신 근육에도 자극을 전달한다. 유산소 운동이기에 다이어트 효과가 있으며, 복근과 함께 대둔근이 발달되고 힙업 효과도 노릴 수 있다.

스쿼트 자세

⑤ 브릿지

- 기본 자세는 천장을 바라보고 바르게 누운 상태이다. 양팔은 손바닥을 바닥에 대고 무릎을 세워준다.
- 숨을 내뱉으며 골반을 위로 들어올린다.

Tip 이때 무릎이 벌어지지 않도록 주의해야 한다.

- 엉덩이 근육을 짜내는 느낌으로 1~2초간 정지하고 다시 반복한다.

효과 척추기립근과 대둔근, 뒤쪽 근육 강화에 효과적이다.

브릿지 자세

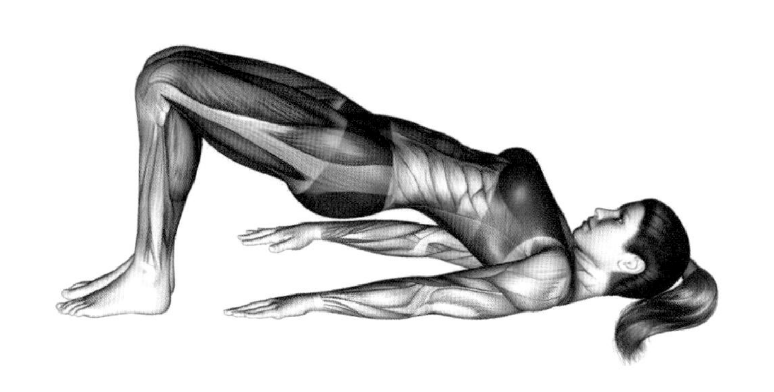

⑥ 슈퍼맨

- 매트에 팔과 다리를 최대한 편 상태로 바닥에 엎드린다.
- 숨을 들이마시고 내뱉으며 팔과 다리를 동시에 최대한 들어올린다.
- 허리와 엉덩이 부분의 자극을 느끼고 3~5초 정도 자세를 유지한다. 지면으로 몸을 천천히 내려준다. 한 세트당 10회 반복한다.

효과 유연성이 좋아져서 척추기립근과 대둔근이 발달된다. 척추 디스크를 예방해주고 특히 대둔근(엉덩이) 운동에 효과적이다.

슈퍼맨 자세

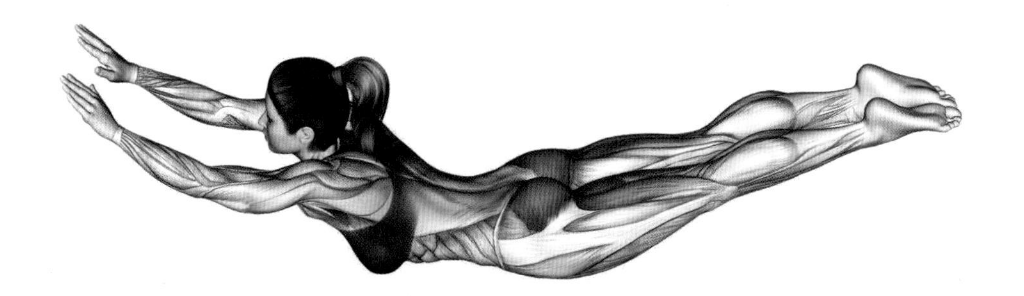

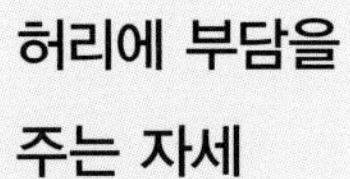

허리에 부담을 주는 자세

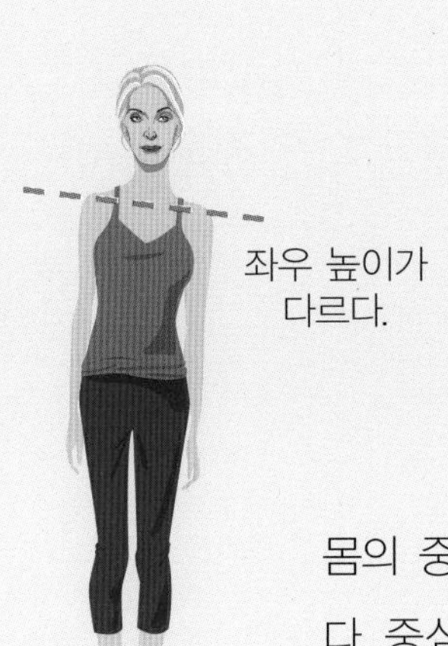

몸의 중심이 좌우 중 한쪽으로 쏠리면 허리로 가는 부담이 커진다. 중심을 한쪽에 두고 서는 사람은 수평을 만들도록 노력하자.

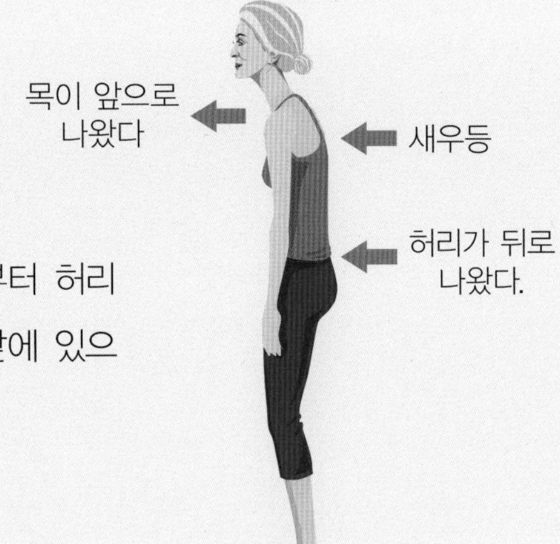

등의 자연스러운 S자 곡선이 사라지고 등부터 허리가 둥글며 앞으로 숙인 자세이다. 중심이 앞에 있으면 허리에 큰 부담을 준다.

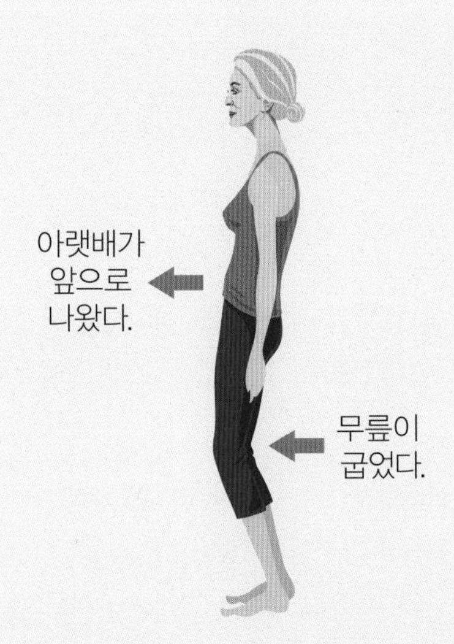

허리가 뒤로 누워 상체의 중심이 뒤로 치우치기 때문에 무릎을 구부려 균형을 잡는 자세이다. 허리와 무릎에 부담이 크다.

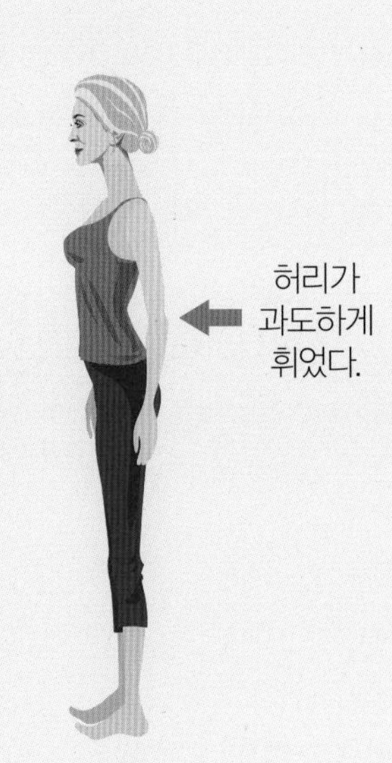

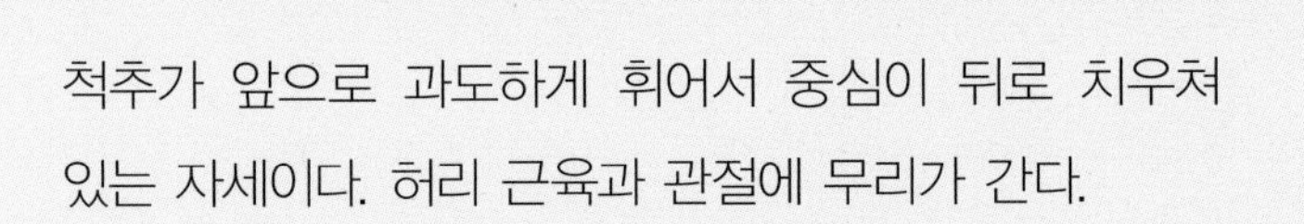

척추가 앞으로 과도하게 휘어서 중심이 뒤로 치우쳐 있는 자세이다. 허리 근육과 관절에 무리가 간다.

CHAPTER 4

워킹 훈련

1
워킹의 이해

워킹이란 영어로 '워크(Walk)', 즉 '걸음'을 뜻한다. 일반적인 걸음과 달리 패션모델의 '워킹(Walking)'은 무대에서 디자이너의 의상을 입고 이루어진다. 인간이 보여줄 수 있는 가장 아름답고 예술적인 미(美)를 담은 '아름다운 걸음'이라고도 할 수 있다.

사람의 보행은 일반적으로 크게 두 가지 목적을 갖는다. 첫째, 인간은 어떠한 목적을 위해 걷는다. 즉, 걸음이란 어떤 행위를 하기 위해 공간에서 공간으로 이동하는 행위이다. 둘째, 예술적인 측면에서 특수한 직업을 가지고 멋지거나 아름답게 또는 우아하고, 건강하고, 섹시하게 보이기 위하여 걷는다. 패션모델의 걸음, 즉 워킹은 앞의 두 가지 목적 중에서 후자에 해당된다.

런웨이에서 선보이는 패션모델의 워킹은 수많은 노력과 경쟁, 오디션을 통해 얻은 피땀 어린 결실이다. 그런데 간혹 어떤 이들은 패션모델이라는 직업이 편안하게 걷는 것만으로 쉽게 돈을 버는 것이라고 단순하게 이해하기도 한다. 하지만 실제로 패션모델은 걸음걸이로 무대 위에서 종합예술을 펼치는 사람들로, 이들은 신체를 통해 옷의 장점을 드러내고 디자이너의 의도를 최대한으로 드러낸다.

런웨이의 모습

패션모델은 목과 허리를 꼿꼿하게 세우고 어깨는 백조처럼 우아하고 당당하게 펼쳐 무대를 압도한다. 이들처럼 당당하고 바른 자세를 유지하기 위해서는 신체 일부를 구부리거나 엉거주춤한 자세를 취해서는 절대 안 된다. 패션모델은 무대에서 완벽에 가까운 모습을 보여주어야 한다. 대부분의 사람들은 무대에 선 모델의 꼿꼿한 자세를 몇 분도 따라하기 힘들어한다. 이들의 자세는 하루아침에 만들어진 것이 아니라, 오랜 기간 갈고 닦은 노력의 결실이기 때문이다. 고된 연습과 훈련을 거친 모델들은 오디션을 통해 프로 무대로 데뷔하는데, 모든 결과는 런웨이에서 짧은 시간 안에 즉각 보여지기 때문에 런웨이에서는 한 치의 오차도 허용되지 않는다. 만약 실수한다면 데뷔 무대가 곧 은퇴 무대가 될 수도 있다. 따라서 모델에게는 짧은 순간 엄청난 에너지를 쏟을 수 있는 집중력이 필수적이다.

모델이 하는 워킹의 종류는 매우 다양하다. 모델마다 비율이나 기호, 숙련도가 각기 다르기 때문에 그에 따라 개성 있는 스타일이 연출되기 때문이다. 모델의 워킹 방법이나 일정한 틀을 규정해놓은 책이나 논문이 존재하지 않는 것은 이러한 이유에서이다. 각국의 모델들은 자신의 키나

1자 워킹과 11자 워킹

- 1자 워킹(walk straight): 무릎과 무릎이 스치며 1자로 걷는 워킹을 말한다.
- 11자 워킹(natural walking): 바르게 11자로 걷는 남성의 워킹을 말한다.

신체 사이즈에 따라 각기 다른 포즈와 스타일을 연출하고 있다. 영화나 연극에서 배우마다 캐릭터 해석과 그것을 연기하는 방법이 다른 것처럼 말이다.

모델의 워킹 훈련은 아름답고 우아하게 걷는 것을 배우기 전에, 몸의 균형과 밸런스를 잡고 바른 자세로 걷는 방법을 가르치는 것에서부터 시작된다. 패션모델의 워킹 훈련에서의 공통된 첫 단계는 바른 자세 만들기이다. 이것을 익힌 후에 기본 자세에 더한 예술적이고 다양한 워킹 동작과 시대의 맞는 의상 및 워킹 연출, 개개인의 개성을 살린 스타일리시한 포즈를 응용해내는 것이다.

모델은 패션디자이너의 창작물(의상)을 혼신의 힘을 다해 재해석하고 멋지게 연출하여 생명을 불어넣고, 대중은 이를 냉정하게 평가한다. 패션디자이너의 의상이 새 생명을 얻느냐, 아니면 영영 태어나지 못한 채 사멸되느냐 하는 것이 무대에서 결정되기에, 패션계에서 모델의 역할은 매우 중요하게 여겨진다. 우리는 평상시 옷을 아무 생각 없이 사서 입지만, 일반적으로 한 옷이 고객에게 선택받기까지는 무수한 단계가 존재한다. 이러한 옷에 시대에 맞는 유행과 스타일을 불어넣어 최고의 패션트렌드로 탄생시키는 것이 바로 패션모델의 일일 것이다.

2

남녀별 워킹 준비물

워킹을 연습할 때는 신체 라인이 최대한 드러날 수 있는 단정한 복장을 갖추도록 한다. 이러한 복장이 필요한 이유를 살펴보면 다음과 같다.

- 첫째, 워킹 시 어깨의 좌우대칭, 허리 각도, 골반 위치, 무릎 각도 등 몸의 자세를 파악하기 쉬워 미세한 자세까지 교정할 수 있다.
- 둘째, 워킹의 장단점을 쉽게 파악하여 단점은 커버하고 장점은 극대화시킬 수 있다.
- 셋째, 마치 스포츠의 유니폼처럼 모델 교육생으로서의 통일성과 소속감을 얻을 수 있어 직업의 대한 열정과 자존감을 높일 수 있다.

시니어모델 교육생의 경우에는, 워킹 연습 시 낮은 굽의 구두부터 시작하여 숙련도에 따라 굽 높이를 높여가면 된다. 만약 구두를 신고 균형 잡는 것 자체가 힘든 경우라면 맨발로 연습을 시작하여 천천히 밸런스를 잡아보고, 다음 단계에서 낮은 구두를 신고 연습하면 된다.

워킹 연습 시
모델의 복장

타이트한
티셔츠
기본 정장바지
및 체형이
육안으로
드러나는 복장

타이트한
블랙
미니 드레스

타이트한
검정
민소매
검정 9부 레깅스
혹은
치마 9부 레깅스

1) 남성 모델의 슈즈

일반적으로 남성용 워킹 슈즈는 클래식(Classic) 슈즈를 기본으로 한다. 클래식이란 '규범적'이라는 뜻을 지닌 단어로, 오래되고 편안하며 크게 유행을 타지 않는 가장 기본이 되는 스타일을 일컫는다. 남성 모델의 구두는 굽이 5cm를 넘지 않아야 하며, 구두가 무겁다거나 앞코가 뾰족하다거나 뒤꿈치가 없는 블로퍼 형태는 워킹 연습을 하는 데 바람직하지 않으므로 피한다. 다시 말해, 본인의 발을 잡아주지 않는 구두로 연습을 하면 완벽한 자세를 만들 수 없다.

슈즈의 컬러는 블랙 또는 브라운 정도로 준비한다. 이 컬러들은 여러 의상과 믹스 앤 매치(Mix & Match)가 잘되어 합리적이고, 패션쇼뿐만 아니라 여러 장소에 유용하게 사용되기 때문에 남성 모델이라면 기본적으로 갖추어야 하는 아이템이다. 남성용 키높이 구두는 여성의 하이힐과 같은 효과를 주므로 구매하거나 신을 때 주의하여야 한다.

남성 모델의 슈즈

2) 여성 모델의 슈즈

여성 모델의 슈즈

모델에게 워킹은 매우 중요한 스킬이다. 특히 여성 모델에게 슈즈는 자존심이자 무기라고도 할 수 있다. 여성 모델이 워킹 훈련 때 신기에 적합한 슈즈의 굽 높이는 8cm이다. 종아리가 가늘고 예뻐 보이는 굽 높이가 바로 8~10cm이기 때문이다.

슈즈의 굽 높이와
다리 모양

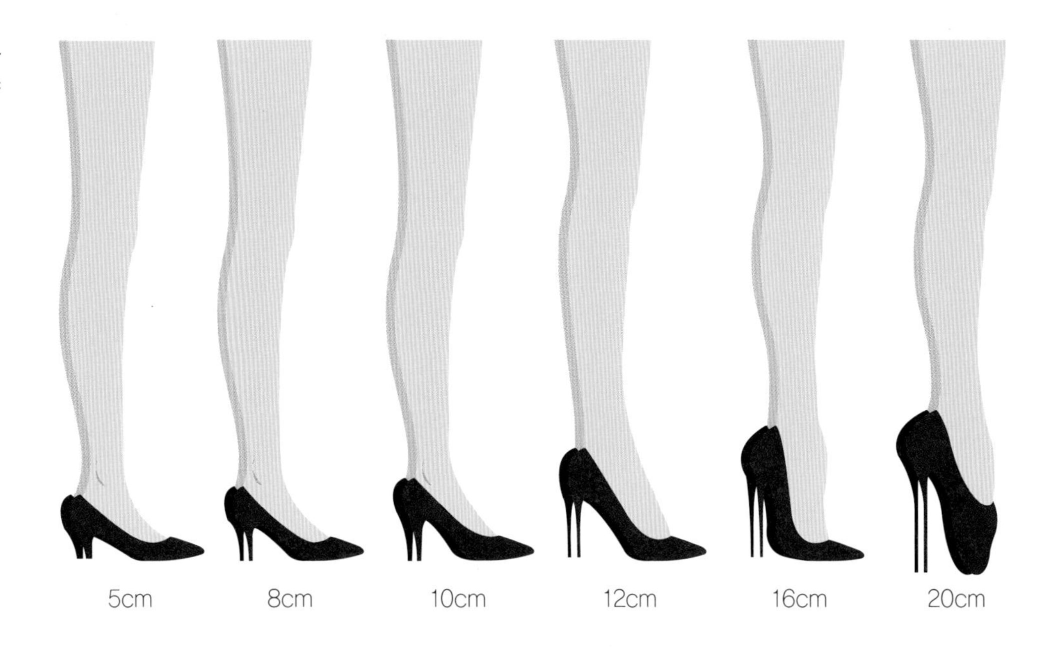

만약 굽이 너무 높거나 얇으면 무게중심을 잃기 쉬워 트레이닝에 시간이 오래 걸릴 수 있다. 특히 시니어모델의 경우, 허리와 허리 근육에 무리를 일으켜 통증을 유발할 수도 있다. 스탠퍼드대학교의 연구 결과를 보면 "8cm 이상의 하이힐을 자주 신으면 관절 노화가 빨라진다"는 내용이 나와 있다. 관절 노화는 시니어모델의 지속적인 트레이닝에 방해가 될 수 있으므로 멋을 내기보다는 몸의 중심을 받쳐주는, 면적이 넓고 지면과 너무 멀어지지 않게 하는 워킹 슈즈를 신는 것이 좋다. 슈즈의 컬러는 블랙이 가장 무난하다.

하지만 그렇다고 해서 굽이 없는 슬립온이나 플랫슈즈가 발 건강에 좋다는 뜻은 아니다. 이러한 슈즈들은 땅바닥의 마찰을 발바닥이 그대로 흡수하게 만들고, 뒤꿈치로 체중이 쏠리게 하여 몸에 피로가 빨리 쌓이게 만든다. 이러한 슈즈를 장시간 착용하면 오히려 발 관련 질환이 유발될 수도 있다. 따라서 평소에는 3~5cm 정도의 굽을 가진 키튼 힐을 신어야 발 전체에 체중이 고루 실리고, 뒷굽이 보행 시 추진력을 더해져 발에 통증이 줄어들 수 있다. 슈즈를 구매할 때 주의해야 할 사항은 다음과 같다.

충분한 워킹 트레이닝을 마치고 패션쇼 무대 데뷔를 앞두고 있다면, 평상시에 사용하는 연습용 워킹 슈즈 외에도 다양한 종류의 슈즈를 준비해두어야 한다. 대부분의 패션쇼에서 모델의 슈즈를 사이즈별로 준비해놓지 않기 때문에, 개인적으로 모델이 슈즈를 준비해야 하는 경우가 많기 때문이다. 따라서 언제 어디서나 신을 수 있게 무대나 의상 콘셉트에 맞는 기본적인 슈즈를 준비해놓아야 한다. 무조건 킬힐을 신는다고 해서 멋진 워킹이 나오는 것은 아니다. 본인 키에 가장 적합한 슈즈를 신어야 캣워크에서 아름답고 우아하게 걸을 수 있다.

패션모델이 착용하는 대표적인 슈즈의 컬러는 가장 기본이 되는 블랙과 베이지, 브라운 정도이다. 이러한 컬러의 슈즈는 여러 의상에 무난히 잘 어울리기 때문에 기본적으로 갖추어놓아야 각종 패션쇼나 오디션에 유용하게 사용할 수 있다.

본인에게 잘 맞는 굽 높이는 어떻게 알 수 있을까? 발 전문의 엠마 셔플의 완벽한 굽 공식에 의하면 '의자에 앉아 다리를 앞으로 뻗고 발바닥을 편평하게 세운 상태', '앞으로 엄지발가락을 쭉 뻗었을 때의 차이'가 본인에게 가장 완벽한 굽 길이라고 한다. 즉, 오른쪽 그림의 앞볼(A)과 뒷굽(B) 사이의 수평 거리가 나에게 맞는 굽 높이라고 할 수 있다.

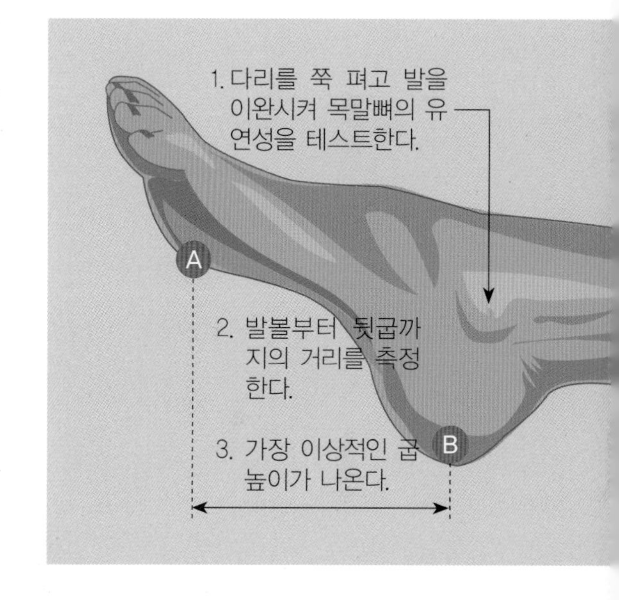

엠마 셔플의 완벽한 굽 공식

다리에 힘을 빼고 쭉 뻗었을 때 복사뼈가 아래로 기우는 사람은 발의 유연성이 좋기 때문에 높은 힐을 신어도 크게 무리가 없고 불편함을 느끼지 않을 수 있다. 만약 복사뼈가 미동도 하지 않는다면 하이힐이 본인의 발과 맞지 않는 것이므로 웬만하면 착용하지 않는 것이 좋다. 자기 발 모양에 맞는 구두를 고르는 방법을 자세히 살펴보면 다음과 같다.

- 발 사이즈가 큰 경우에는, 앞코가 뾰족한 포인트 토를 신으면 발이 더 길어 보일 수 있으므로 앞코가 둥근 라운드 토 슈즈를 고르는 게 좋다. 트렌드에 따라 스퀘어 토 슈즈도 추천한다.
- 발볼이 넓거나 발에 살이 많은 경우에는, 얇은 스트랩이 있는 슈즈보

다는 면적이 넓어서 발을 최대한 감싸는 스타일이 어울린다.

- 발목이 굵은 경우에는, 라운드 토보다 앞코가 뾰족한 포인트 토 스타일을 신으면 발목이 상대적으로 얇아 보인다. 단, 발목에 스트랩을 감아야 하는 앵클 스트랩 슈즈는 피하는 편이 좋다.
- 무지외반증이 있는 경우에는, 딱딱한 애나멜 소재의 슈즈보다는 부드러운 양가죽이나 스트레치 패브릭으로 만든 슈즈를 추천한다. 앞 라인이 많이 파이지 않고 발볼을 다 감싸주는 스타일이 좋다.
- 7cm 이상의 힐을 신어야 하는 경우에는, 굽이 뾰족한 스틸레토힐보다 두께감이 있는 통굽을 선택하는 것이 워킹 시 편안하다.

아무에게나 어울리는 스틸레토힐

스틸레토힐(Stiletto heel)은 앞코가 뾰족하고 발등이 많이 보이는 굽이 슈즈로, 마치 송곳 같은 높고 얇은 힐이 부착되어 있다. 착용하면 발등부터 눈에 보이기 때문에 다리 라인이 길고 쭉 뻗은 것처럼 보인다. 많은 사람이 선호하는 구두 중 하나이다. 스킨색이나 베이지색처럼 피부 톤과 비슷한 색의 스틸레토힐을 신으면 다리 라인이 발끝까지 이어지는 것 같은 착시효과가 생긴다. 즉 어두운색 구두를 신을 때보다 다리가 훨씬 길어 보인다.

크리스찬 루부탱의 스틸레토힐

스틸레토힐을 즐겨 신는 미란다 커

3 베이직 포스처

베이직 포스처(Basic posture)란 패션모델이 되기 전에 익혀야 하는 기초 자세를 말한다. 패션모델에게는 바른 자세와 밸런스가 중요하다. 두 가지 요소가 얼마나 의상을 멋지게 소화해낼 수 있느냐를 결정하기 때문이다. 모델은 미모 순으로 뽑지 않는다. 그렇게 생각한다면 당장 모델을 그만두고 미인대회를 찾아가거나 탤런트 또는 영화배우를 뽑는 곳으로 가는 게 좋을지도 모른다. 즉 모델에게는 보기 좋은 얼굴보다 잘 훈련된 신체와 독특한 개성이 중요하다. 베이직 포스처를 정면, 측면, 기타 자세로 나누어 살펴보면 다음과 같다.

1) 정면

① 우선 벽에 기대고 '후두부-견갑골-대둔근-종아리-발뒤꿈치'가 벽면에 닿도록 선다. 정수리에 보이지 않는 풍선을 매달아놓아서 풍선이 나를 하늘로 끌어당긴다고 상상한다.

② 시선은 정면을 편안하게 바라본다.

③ 턱끝을 당겨서 가슴 부분을 살짝 위로 하고 어깨가 자연스럽게 떨어지며 평행을 유지하게 한다. 쇄골 라인은 트라이앵글 모양으로 만든다. 이때 견갑골 양쪽을 닫아야 몸이 벽에서 떨어지지 않는다.

④ 양팔을 자연스럽게 바지 옆선에 맞춘다.

⑤ 괄약근을 조이고 배꼽을 척추 쪽으로 바짝 끌어당겨 골반 양쪽 끝이 평행이 되도록 만들어준다. 그렇게 하면 자연스럽게 생식기를 기준으로 트라이앵글이 만들어진다.

⑥ 양발을 11자로 붙이고 무릎과 무릎이 최대한 붙도록 연습한다.

⑦ 상체에 힘을 뺀 다음 복식호흡한다.

Tip 바른 자세를 만드는 데는 많은 시간이 필요하다. 초보 시니어모델은 처음부터 무리하지 않도록 1분 정도 연습한다. 스트레칭과 반복 훈련하여 점차 신체를 적응시키면서 연습시간을 늘려나간다. 올바른 자세 연습을 통해 숨은 키를 3cm 정도를 되찾을 수 있다.

2) 측면

벽에 기댄 상태로 '귀-어깨-고관절-무릎-복사뼈'의 5개 포인트를 일직선으로 만든다.

바른 정면 자세와 측면 자세

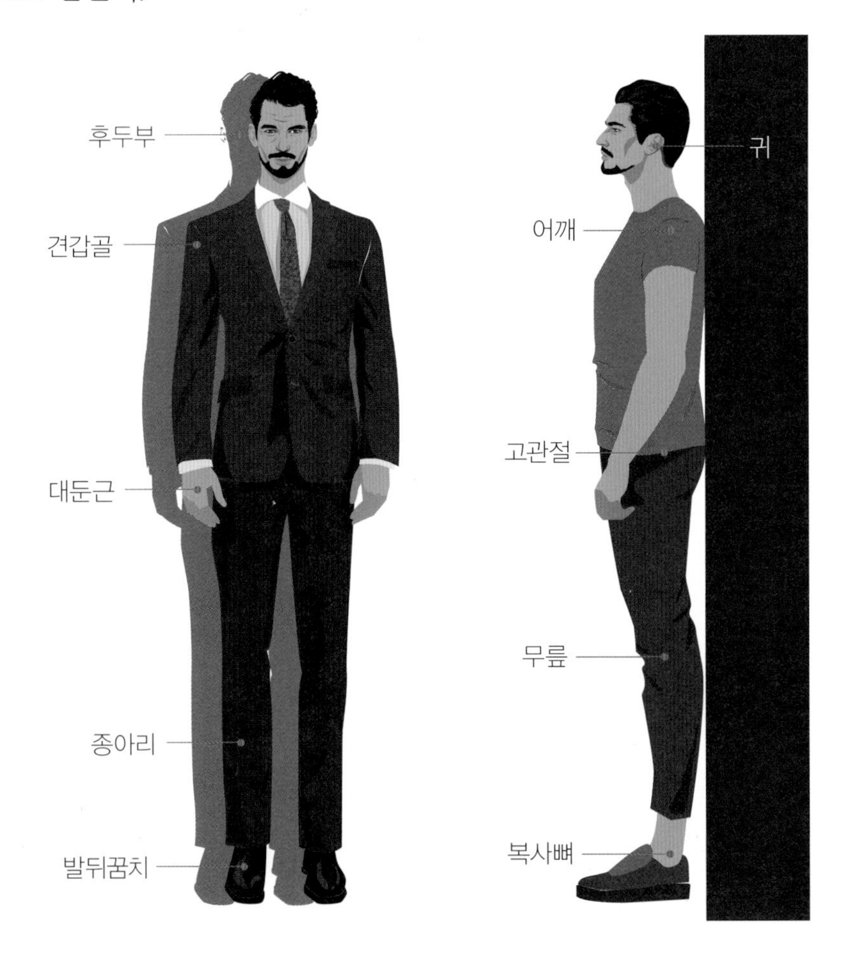

3) 기타 자세

(1) 서서 자세

베이직 포스처에 어느 정도 숙달되었다면, 시간과 장소에 상관없이 선 상태로 연습을 해볼 수 있다. 연습 방법은 바른 정면 자세를 잡는 방법과 같다. 명심해야 할 것은 무릎과 무릎을 붙이지 말고 다리를 벌리고 서야 한다는 것이다. 그래야 흔들리는 버스나 지하철에서 넘어지지 않고 바르게 중심을 잡고 서 있을 수 있다. 이때 양발 간격이 본인의 어깨너비를 벗어나지 않아야 하며, 코어근육과 무게중심은 하체 골반 밑에 두어야 한다.

(2) 앉은 자세

스마트폰이나 컴퓨터의 사용, 다리 꼬기 등과 같은 일상 속 자세의 영향으로 사람들에게 스웨이백(Swayback) 현상이 빠르게 나타나고 있다. 오늘날에는 급속한 기술 발달로 인해 앉아서 하는 업무가 늘어나고 있으므로, 생활 속에서 바르게 앉는 방법을 익힐 필요가 있다. 바르게 앉는 자세는 다음과 같은 방법으로 훈련한다.

스웨이백

우리말로는 '척추만곡'이라고 부른다. 목 부분에 있는 경추가 앞으로 쏠리고, 가슴 부위에 있는 흉추가 뒤로 쏠려서 이로 인해 골반이 앞으로 빠져 있는 자세이다.

① 허리를 90°로 세우고 등받이에 바짝 붙인 후 배꼽을 척추 쪽으로 바짝 끌어당겨 앉는다.

② 턱은 살짝 당기고 시선은 정면을 바라본다.

③ 무릎의 각도는 90°로 하여 바닥에 닿게 하고, 다리는 어깨너비보다 조금 좁게 벌려 앉는다. 그래야 허리가 반듯하게 유지된다.

④ 손은 편안하게 무릎뼈 위에 얹는다.

Tip 다리 꼬기, 다리를 쩍 벌리고 앉는 자세는 나쁜 자세일 뿐만 아니라 다른 사람에게 혐오감을 주므로 지양해야 한다.

나쁜 자세와 바른 자세

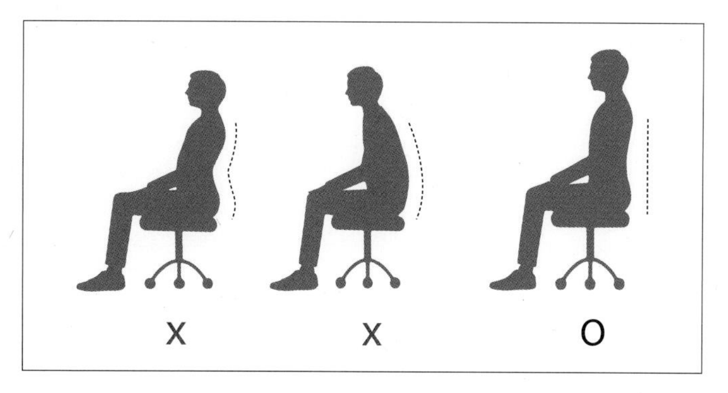

3분 안에 속성으로
바른 자세 만들기

4
워킹 훈련의 실제

워킹 연습을 위해 복장과 슈즈를 갖추었다면, 동작의 시작과 끝이 되는 워킹을 배워본다. 기초 과정에 해당되는 박자 워킹부터 고급 과정에 해당되는 응용 워킹까지 단계적으로 훈련해나간다면, 런웨이에서 프로 모델과 같은 고난이도 워킹을 선보일 수 있게 된 것이다.

워킹 기초 과정에서는 4박자 워킹부터 시작해서 점차 박자를 줄여 1박자 워킹까지 훈련한다. 워킹의 기본기를 탄탄하게 잡기 위해서는 바른 자세와 밸런스를 익히고 턱을 당기는 시선 처리와 코어 근육 활용 등 신체를 컨트롤하는 능력을 키워야 한다.

프로 모델과 아마추어 모델을 가르는 가장 큰 요소가 바로 이러한 훈련이 되어있는지 여부이다. 즉, 프로 모델이 되기 위해서는 프로와 같은 워킹을 위한 피나는 노력이 필요하다.

하이힐을 신고 워킹할 때 주의할 점

발을 디디는 모양에 주의

하이힐을 신고 워킹할 때는 발 앞 포인트가 닿고 뒤꿈치가 들려서는 안 된다. 발 포인트부터 디디면 무릎이 굽어지고, 발목 부상 위험이 있으며 보폭도 좁아진다.

발을 디디는 순서에 주의

하이힐을 신고 워킹할 때는 발뒤꿈치부터 디뎌서는 안 된다. 발뒤꿈치부터 디디면 무게중심이 뒤에서 앞으로 기울어지므로 발목 부상을 입거나 앞으로 넘어질 위험이 생긴다. 또 발등이 새우등처럼 구부러져 뼈가 변형될 수 있으며 무릎이 구부러지므로 외관상으로도 보기에 좋지 않다.

무릎과 힘 분배에 주의

하이힐을 신고 워킹할 때는 무릎을 쭉 펴고 하는 것이 바람직하다. 늘 머릿속으로 무릎을 쭉 펴고 걷는다는 의식을 하고 걸어야 무대에서 아름답게 보일 수 있다. 하이힐은 특성상 발 전체에 힘을 분배하며 걸어야 올바른 워킹을 할 수 있다.

Tip 워킹 시 주의 사항

- 몸의 체중을 엄지발가락 쪽으로 실으면 안짱다리가 될 위험이 있다.
- 몸의 체중을 새끼발가락 쪽으로 싣고 디디면 八자다리가 될 수 있으므로 주의한다.

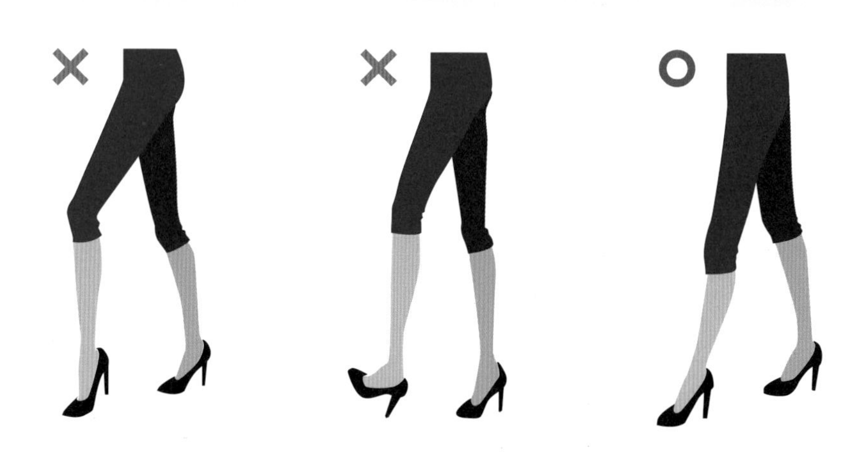

1) 워킹 기초 과정

훈련의 기초 과정에 해당되는 박자 워킹은, 관절의 움직임 하나를 한 박자로 구분하여 4박자에서부터 1박자까지 단계적으로 줄여가며 실시된다. 박자 워킹의 진도를 천천히 진행할수록 기본기를 더욱 탄탄하게 다듬을 수 있다. 몸의 상체를 수직으로 두는 연습과 무릎부터 발끝까지 수직으로 뻗는 연습을 하고, 여기에 박자 및 리듬감을 더하면 프로페셔널한 워킹이 완성된다.

(1) 4박자 워킹

4박자 워킹은 한 걸음을 4가지 구분 동작으로 나누어 한다. 워킹에 처음 입문하는 이들이 습득하기에 적합한 테크닉이다. 시니어모델의 경우 아름다움과 매력, 자신감, 우아한 느낌을 바탕으로 몸이 흔들리지 않게 밸런스를 유지하는 게 중요하다. 워킹 습득과 테크닉 향상을 위해 항상 상체는 수직으로 바른 자세를 유지하고, 하체는 골반을 중심으로 앞쪽 무릎과 발등까지 펴주어야 한다. 뒤쪽 다리 또한 무릎이 펴지도록 하여, 양쪽 모두 통일된 자세를 만들어야 워킹 시 보폭이 넓어진다.

4박자 워킹을 훈련할 때는 베이직 포스처에서 배웠던 것을 바탕으로 하여, 벽에 기대지 않고 바르게 선 상태에서 허리에 양손을 얹고 오른발부터 내딛으면 된다. 4박자 워킹을 하는 방법을 순서대로 자세히 살펴보면 다음과 같다.

손을 허리에 얹는 방법

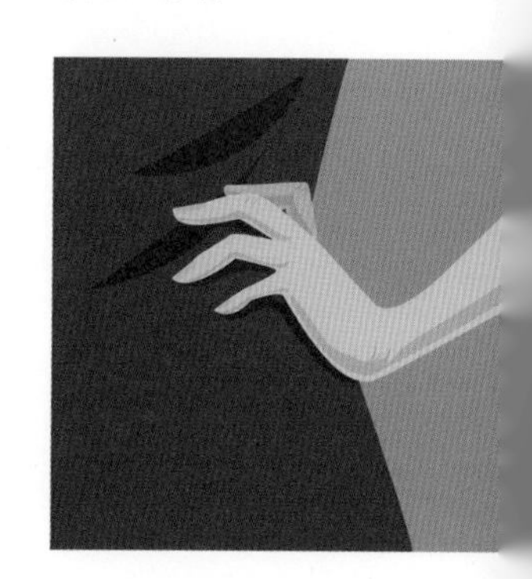

① 양손을 허리에 얹은 상태에서 오른발을 들어 안쪽 복숭아뼈를 왼무릎 안쪽에 붙인다. 코어에 힘을 주어 상체를 수직으로 만든다. 턱은 당기고 시선은 그대로 정면을 응시하며 먼 곳을 바라본다. 그렇게 하면 왼쪽 다리가 학의 다리 모양이 된다.

② 학 다리를 한 상태에서 오른쪽 허벅지 각도는 그대로 유지한 채 무릎을 앞쪽으로 쭉 뻗는다. 이때 허벅지, 무릎, 발이 수직이 되도록 한다.

4박자 워킹

③ 오른쪽 무릎을 쭉 편 상태로 앞꿈치 포인만 바닥에 닿게 하고, 그다음 뒤꿈치가 닿도록 한다. 이때 몸의 균형이 흔들리지 않게 유지한다. 뒷발(왼발)은 이동하지 않으며 지면에 붙어있던 뒤꿈치가 떨어질 것이다.

④ 오른쪽 무릎을 곧게 편 상태에서 코어에 힘을 주며 뒷(왼) 무릎을 구부리며 양 무릎이 스치게끔 올린다. 그러면 왼쪽 무릎이 살짝 구부러진 오른쪽 학 다리 카운트 1박자가 된다.

⑤ 처음부터 다시 반복해서 훈련한다.

(2) 3박자 워킹

3박자 워킹은 4박자 워킹을 줄여서 한다. 4박자 워킹에서 오른발 앞꿈치 포인의 두 동작을 하나로 줄여 통합한 것이다.

우선 바른 자세로 선 상태에서 허리에 양손을 얹고, 오른발부터 워킹을 시작하면 된다. 3박자 워킹을 하는 방법을 순서대로 자세히 살펴보면 다음과 같다.

① 양손을 허리에 얹은 상태에서 오른발을 들어 안쪽 복숭아뼈를 왼쪽 무릎의 안쪽에 붙인다. 코어에 힘을 주며 상체를 수직으로 만든다.

턱의 당기고 그대로 시선은 정면을 응시하고 먼 곳을 바라본다. 그러면 왼쪽 다리가 학 다리 모양이 된다.

② 무릎을 편 상태에서 뒤꿈치부터 무게중심을 왼발에서 오른발로 이동시킨다. 몸이 앞으로 이동하더라도 턱의 각도는 그대로 유지하며 시선은 먼 곳을 응시한다. 이때 오른쪽 무릎을 편 상태로 발바닥을 뒤꿈치부터 지그시 내려놓으며 무게중심을 오른발로 90% 이동시킨다. 그러면 자연스럽게 뒷발(왼발)에 무게중심이 10% 정도 쏠리며, 동시에 뒷무릎이 펴진다.

③ 오른쪽 무릎을 곧게 편 상태에서 코어에 힘을 주며 뒷(왼)무릎을 구부리며 양 무릎이 스치게끔 올린다. 그러면 왼쪽 무릎이 살짝 구부러진 오른쪽 학 다리 카운트 1박자가 된다. 처음부터 다시 반복해서 훈련한다.

(3) 2박자 워킹

2박자 워킹은 자연스러운 무릎 동작을 만들어준다. 여기서는 세분화된 구분 동작(바른 자세, 넓은 보폭, 무게중심 이동, 박자)을 몸으로 흡수하고 해석해서 자연스러운 동작에 표현하는 데 중점을 두어야 한다. 이때 무릎과 엄지발가락 포인 끝이 땅바닥을 향해 수직으로 쭉 뻗도록 세워

2박자 워킹

주는데 박자가 줄어들었다고 해서 속도가 빨라지는 것은 아니다. 즉 속도는 일정하게 유지하면서 워킹하는 훈련을 꾸준히 해야 한다. 2박자 워킹을 하는 방법을 순서대로 자세히 살펴보면 다음과 같다.

① 오른발을 들고 무릎과 무릎을 스치며 자전거를 타듯이 굴림과 동시에 보폭을 넓게 한다. 무릎과 엄지발가락이 수평이 되도록 편 상태에서 바닥을 지그시 디딘다.

Tip 이때 시선은 정면을 바라보며 턱을 들어서는 안 된다. 상체의 각도가 3~5° 정도 뒤로 기울어져 있기 때문에 자연스럽게 따라온다.

② 다시 왼발을 들어올려 처음 동작을 반복한다.

(4) 1박자 워킹

그동안의 기초 훈련을 통해 충분히 트레이닝했다면, 이를 자연스럽게 수행하여 1박자 워킹을 해볼 수 있다. 1박자 워킹은 워킹 훈련의 최종 마무리이자 본격적인 워킹의 시작이기도 하다.

앞서 배운 2박자 워킹의 모든 동작을 하나로 합치고, 오른발과 왼발이 나갈 때를 각각 첫 단계로 생각하여 걸으면 1박자 워킹이 완성된다.

2) 워킹 중급 과정

워킹의 기초 과정을 전부 익혔다면 중급 과정으로 넘어갈 수 있다. 여기서도 기초 자세와 마찬가지로 우선 베이직 포스처를 유지한다. 무대의 탑까지 바닥에 수직으로 라인을 표시한 뒤 여성은 1자, 남성은 11자로 호흡을 유지하며 기본 워킹을 수행한다. 중급 과정에서의 훈련 방법을 자세히 살펴보면 다음과 같다.

① 워킹할 때는 항상 정면을 15°로 응시하고, 턱은 귀 뒤쪽으로 당긴다. 상체는 최대한 긴장을 풀고 편한 자세를 유지하며 무게중심은 골반 아래쪽에 두고 무릎과 무릎을 스치며 걷는다. 보폭은 자신의 어깨너비 정도가 기본이다.

Tip 각 모델의 신체에 따라 적당한 보폭에 차이가 있을 수 있다.

② 항상 무릎을 펴고 걷는 것을 명심하며 걷는다. 보폭이 좁거나 너무 천천히 걸으면 답답해 보이고, 너무 빠르게 걸으면 다급해 보일 수 있다. 초보 모델의 기본 워킹은 깔끔하고 담백한 것이 가장 이상적이다.

③ 걸을 때는 팔꿈치를 구부리지 않으며 자연스럽게 쭉 펴고, 손 모양은 달걀을 쥐듯이 하고 허벅지 안쪽을 향하게 한다. 팔은 앞쪽을 15°, 뒤쪽은 10°로 자연스럽게 흔든다.

3) 워킹 고급 과정

초급과 중급 과정을 익혔다면 마지막으로 고급 과정을 익힐 수 있다. 이 단계에서는 응용 워킹을 배우게 된다. 응용 워킹을 할 때는 패션쇼의 의상 디자인과 이미지, 음악 선곡과 주제 및 장소를 고려한다. 따라서 패션모델은 여러 가지 디자인과 음악을 평상시 많이 보고 듣는 것이 중요하다. 아무리 기본 워킹 훈련을 잘 마무리했다고 하더라도 그건 이제 막

엑스자로 걷는 워킹

엑스 워킹(X-walKing) 또는 캣워크(Cat walk)라 불리는 이것은 1980년대부터 유행한 워킹 방법이다. 몸의 상체를 뒤로 젖히고 팔다리를 매우 과장되게 좌우로 크게 흔드기 때문에 과감하면서도 도발적인 느낌을 낼 수 있다.

오늘날에는 과거의 엑스 워킹보다 덜 과장되게 워킹을 하는데, 몸의 무게중심을 살짝 뒤에 두고 걸을 때 다리 쭉쭉 뻗으며 엑스자 형태로 워킹을 해야 다리가 더 길어 보일 수 있다. 또 골반은 스윙을 크게 하지 않고, 자연스럽게 좌우로 힙 스윙을 하여 아름다운 형태가 만들어낸다.

이 워킹은 우아한 긴 드레스, 실루엣이 드러나는 원피스와 같이 여성스런 곡선미를 연출하거나 섹시하고 육감적인 워킹을 강조하고 싶을 때 유용하다. 모델이 조명과 음악에 따라 템포를 조절하면서 워킹하면 얼마든지 드라마틱한 연출이 가능하다. 화려하고 강렬한 의상이라면, 보폭의 템포를 빠르게 하여 앞꿈치부터 바닥에 눌러 낸다는 느낌을 가지고 무릎을 올려서 골반을 밀어주고, 다리와 발에 힘을 주어 땅에 세게 꽂으며 걸으면 된다. 만약 섹시하고 우아한 의상을 입는다면 골반의 힙 스윙을 더욱 강조하며 워킹의 템포를 느리게 가져가 매력 어필할 더할 수 있다. 섹시한 느낌의 시선과 손동작을 더하는 것도 섹시한 매력을 한층 더 돋보이게 해주는 방법이다. 엑스자로 걷는 워킹은 또다시 파워 워킹, 시크 워킹, 엣지 워킹으로 나눌 수 있다.

파워 워킹(Power walking)

1980~1990년대에 글래머러스한 여성미를 강조했던 워킹이다. 다리를 교차하면서 무릎을 높이 올려 골반을 밀어주고, 다리와 발에 힘을 주어 앞꿈치부터 바닥에 세게 꽂아 걷는다. 힙 스윙과 다리가 교차되는 정도가 심할수록 팔과 몸의 움직임 또한 커진다. 런웨이에서 팔과 힙의 스윙 동작이 크며, 자유로운 느낌을 주어 섹시함과 강렬한 여성미를 표현해준다.

엑스 워킹을 하는 패션모델

시크 워킹(Chic walking)

2000년대에 유행했던 세련되고 절제된 워킹이다. 파워 워킹과 달리 골반을 강조하지는 않는다. 대신에 몸의 상체 무게중심을 과장되지 않게 살짝 뒤에 두고 엑스자로 다리 교차하며 쭉쭉 뻗으면서 길게 보이도록 걷는다. 이때 팔이 움직이지 않은 상태에서 턱을 당겨야 뒤로 넘어지지 않는다. 시선과 표정에서는 감정을 배제하고 최대한 절제된 상태에서 세련되게 워킹한다.

엣지 워킹(Edge walking)

2000년대의 대표 워킹 스타일로 절제된 동작이 포인트이다. 몸의 상체를 뒤로 활처럼 젖히고 다리를 쭉쭉 뻗는다. 팔 동작은 의상에 따라 자연스럽게 하거나 시크한 느낌이 나도록 팔의 스윙을 절제하며 움직인다. 시선과 표정에서는 감정을 모두 배제하고 최대한 절제된 상태에서 쿨한 느낌으로 워킹한다.

걸음마를 뗀 것에 불과하다. 런웨이에서 모델은 기획자, 디자이너, 연출자에게 여러 가지 워킹 테크닉을 요구받게 된다.

이 과정에서는 여러 장르의 룩을 눈으로 관찰하고 다양한 스타일의 패턴과 컬러를 입어보도록 한다. 모델은 언제나 새로운 의상을 입고 패션쇼를 하기 때문에, 여러 의상의 느낌과 특성에 따른 다양한 워킹 테크닉을 개발 및 훈련해서 자신만의 독특한 개성을 담은 워킹을 완성시켜야 한다.

특히 음악 듣기를 소홀히 해서는 안 된다. 음악 없이 워킹을 한다고 생각해보자. 생각만 해도 끔찍한 일이 될 것이다. 패션모델은 의상과 어울리는 음악의 리듬에 맞추어 워킹 속도와 강약을 조절해가면서 무대에 완전히 몰입하고 장악할 수 있어야 한다. 흔히 모델 일의 꽃을 '캣워킹'이라고도 부르는데, 많은 모델들이 워킹 하나로 모든 것을 표현해내기 때문이다. 최고의 모델로 자리 잡기 위해서는 자기만의 개성을 꾸준히 개발해야 할 것이다.

4) 워킹 심화 과정: 이미지별 응용 워킹

(1) 클래식 이미지

① 이미지 해석

클래식(Classic)이란 '고전적', '전통의'라는 뜻을 가진 단어로 클래식 이미지는 로마 및 그리스 문학과 예술의 고전풍 또는 유행을 넘어선 전통적인 스타일을 가리킨다. 클래식 이미지의 의상은 단정하고 절제된 느낌, 우아하면서 고급스러운 느낌을 보여준다.

클래식 이미지의 의상은 유행을 많이 타지 않으면서도 최고급을 지향한다. 대표적인 예로 샤넬의 슈트, 세인트 존의 정장 등이 있다. 샤넬과 에르메스의 백 역시 클래식 스타일의 대표적인 아이템으로 이들은 모두 세월이 흘러도 크게 변하지 않는 디자인을 자랑한다. 1945년 크리스찬 디올(Christian Dior)이 선보였던 뉴룩(New look), 미국의 퍼스트레이디였던 재클린 케네디가 1960년대에 즐겨 입었던 단정한 슈트도 클래식 이미지에 속한다.

② 워킹 방법

클래식 이미지의 의상을 입었을 때는, 우아하고 고급스러운 마인드 컨트롤을 한 상태에서 워킹을 한다. 런웨이에서는 최대한 고급스럽게 걸어야 한다. 보폭은 넓지 않게, 속도 역시 빠르지 않게 하면서 음악의 감정을 느끼며 우아한 표정과 그윽한 눈빛, 손과 팔을 움직임을 연출하도록 한다. 또한 몸의 곡선과 우아한 실루엣을 살리고, 손동작 하나하나를 섬세하게 연출할 수 있어야 한다. 정장이나 정장 바지를 입었을 때는 1자 워킹을, 스커트를 입었을 때는 1자 워킹 또는 엑스 워킹을 하면 의상을 더욱 우아하게 연출할 수 있다.

클래식 이미지

ⓒ 김혜경

(2) 에콜로지 이미지

① 이미지 해석

에콜로지(Ecology)란 '생태학'이라는 뜻을 가진 단어로, 에콜로지 이미지는 생태학에서 영감을 얻은 이미지를 의미한다. 천연 소재를 사용하여 자연스럽고 편안한 느낌의 룩과 자연에서 영감을 얻은 실루엣 및 문양, 색채 등으로 자연의 이미지를 표현한다. 에콜로지는 크게 두 가지의 이미지로 나누어 살펴볼 수 있다.

- 자연 에콜로지: 자연으로의 복귀를 나타낸다. 원시적이고 토속적인 이미지 및 자연 생태계의 순수한 이미지 등이 이에 해당된다.
- 인간 에콜로지: 환경 보전에 대한 관심을 표현한 디자인으로, 자연으로의 회귀 성향을 가진 원시적인 히피 스타일과 재활용 의상 등이 이에 해당된다.

에콜로지 이미지

ⓒ 김혜경

1980년대 중반에는 환경을 의식한 다양한 자연 소재의 제안으로 에콜로지 패션이 발전을 이루었다. 1990년대 이후에는 환경 문제가 대두되면서 자연 소재, 자연적인 내추럴 이미지가 더욱 부각되었다. 에콜로지 이미지의 디자인에서는 면, 실크, 마직 등 가공되지 않은 천연 소재를 사용하며 편안하게 걸칠 수 있는 재킷이나 헐렁한 튜닉 등 편안한 실루엣을 선보인다. 색상 역시 자연의 색을 사용한다.

② 워킹 방법

에콜로지 이미지의 의상을 입고 워킹할 때는, 머릿속으로 나 자신이 자연 속에 들어와 있다고 생각하면 된다. 그러면 온몸의 힘이 자연스럽게 빠지는 느낌을 받을 수 있다. 이 상태에서 음악에 자연스럽게 몸을 맡기고 자연스럽게 워킹한다. 최대한 내추럴하게 걸어야 비로소 의상과 나의 자연스러운 교감이 완성된다.

(3) 로맨틱 이미지

① 이미지 해석

로맨틱(Romantic)이란 프랑스어의 '로망(roman: 소설)'이라는 단어에서 그 어원을 찾아볼 수 있다. 로맨틱 이미지는 꿈과 낭만을 쫓는 것으로, 19세기 프랑스 인형풍의 레이스나 프릴과 같은 디테일을 응용한다. 흔히 공주 스타일이라고 불리는 옷들로, 여성미가 물씬 풍기며 아름답고 우아한 느낌을 준다.

로맨틱 이미지 의상의 풍성한 꽃무늬는 화사하고 우아한 색상으로 표현되고 프릴, 리본 장식, 셔링, 러플 등의 다양한 디테일로 더욱 낭만적인 느낌을 나타낸다. 영화 〈바람과 함께 사라진다〉에서 비비안 리가 입고 나온 엑스 실루엣과 실크 보닛(모자), 굵은 웨이브의 헤어스타일 역시 낭만적 분위기가 물씬 풍기는 스타일이다. 오늘날에는 크리스찬 라크루아(Christian Lacroix)가 이런 디자인을 많이 발표하여 퍼프 슬리브나 셔링을

로맨틱 이미지

많이 잡은 풍성한 원피스, 꽃무늬, 레이스, 블라우스 등을 선보이고 있다.

② 워킹 방법

로맨틱 이미지의 의상을 입고 워킹할 때는 순수함, 첫사랑, 달콤함, 우아함, 꽃, 레이스, 옛사랑의 감정 등을 떠올리면 좋다. 모델은 이러한 감정에 이입하면서 워킹을 하면 된다. 대개 드레스 위주의 의상을 입게 되므로 아름다운 미소와 함께 음악의 속도에 맞추어 1자 워킹보다는 약간의 엑스 워킹으로 우아하게 연출하면 된다. 만약 드레스가 발에 밟힌다면, 손으로 자연스럽게 드레스 자락을 들어주면서 앞굽으로 드레스를 차면 편하게 걸을 수 있다.

(4) 매니시 이미지

① 이미지 해석

매니시(Mannish)란 '남자 같은', '남성 취향'이란 뜻을 가진 단어로 '마스큘린(Masculine)'이라고도 부른다. 남성복 디자인을 여성복에 적용하여 남성스러운 감각으로 표현한 것으로, 소년 같은 헤어스타일이나 슬랙스, 테일러 슈트나 셔츠 등의 디자인이 여기에 해당된다.

제2차 세계대전 이후, 여성의 사회 활동이 늘어나고 여성들도 바지를 착용하기 시작하면서 나타나게 된 이미지이다. 당시 여성들은 자아 확립과 자립심을 키우며 남성적인 느낌의 재킷이나 팬츠, 중절모, 셔츠, 단화 등을 신었으며 주로 그레이나 블랙 등의 무채색 정장이 선호되었다. 거기에 남성 셔츠를 입고 커프스나 핀을 꽂기도 하고 넓은 타이를 스카프처럼 연출하기도 했다. 매니시 이미지를 잘 이용하는 대표적인 디자이너로

매니시 이미지

는 조르지오 아르마니(Giorgio Armani), 지방시(Givenchy), 이브생로랑(Yves Saint Laurent) 등이 있다. 육해공군의 이미지를 표현한 댄디 밀리터리풍의 의상도 여기에 속한다.

② 워킹 방법

매니시 이미지의 의상을 한마디로 표현하면 '남성복을 여성복에 적용한 스타일'이라고 할 수 있다. 따라서 여성 모델의 경우에는 이 이미지를 표현하는 데 어려움을 느낄 수도 있다. 여성 모델이 매니시한 의상을 입고 워킹할 때는 남성 모델들의 포즈나 턴을 응용해보면 좋다. 또 터프하고 껄렁껄렁한 느낌을 상상하면 더욱 멋진 매니시 이미지를 표현할 수 있다. 이런 이미지를 표현할 때는 평소보다 더 자신감 넘치고 건방지게, 한마디로 당당하게 걸어야 한다. 눈빛은 강하게, 보폭은 넓고 속도감 있게, 동작은 파워풀하게 표현하여 최대한 카리스마 있는 모습을 대중에게 어필하도록 한다.

(5) 스포티 이미지

① 이미지 해석

스포티(Sporty)란 스포츠한 느낌을 일컫는 것으로, 스포티 이미지의 의상이란 대부분 스포츠용으로 만들어진 스포츠웨어를 뜻한다. 스포츠웨어는 액티브한 활동성 및 기능성이 특징이다. 흔히 스포티 룩으로 불리며, 이 룩은 또다시 스포티 캐주얼, 스포티 스트리트, 스포티 스포츠 룩으로 나누어진다.

스포티 룩에는 트레이닝복, 티셔츠, 반바지, 레깅스 등 기능성과 활동성을 지닌 경쾌한 의상이 많다. 색상은 주로 원색을 사용하고 때로는 형광색을 응용하여 포인트를 주기도 한다. 대표적인 브랜드로는 나이키, 언더아머, 아디다스, 퓨마, 캘러웨이 등이 있다. 최근에는 스포츠웨어계의 샤넬이라고 불리는 룰루레몬(lululemon)이라는 브랜드가 인기를 얻고 있다.

ⓒ katatonia82/Shutterstock.com

스포티 이미지

② 워킹 방법

최근 웰에이징과 함께 아웃도어 시장이 커지면서 스포티 룩을 선보이는 패션쇼가 활발히 열리고 있다. 스포티 이미지의 워킹 시에는 몸의 코어 근육이 단련되어있어야 한다. 따라서 평소 스트레칭을 꾸준히 하여 경쾌하고 역동적인 워킹을 선보이면 좋을 것이다. 이때 팔, 다리, 어깨 등은 활발하게 움직이며 표정은 매우 밝게 웃는 것이 좋다. 이를 통해 관객에게 건강하고 역동적인 모습을 보여주고, 때로는 댄스나 점프 포즈 등을 연출하면 더욱 액티브한 이미지를 표현할 수 있다.

(6) 에스닉 이미지

① 이미지 해석

에스닉(Ethnic)은 '민속의', '민족의'라는 뜻을 가진 단어로 라틴어의 에

에스닉 이미지

스니커스(Ethnicus)와 그리스어의 에스니코스(Ethnikos)에서 유래되었다. 원래 에스닉에는 '이교도의'라는 의미도 담겨 있었는데, 이는 기독교 문화권의 시선에서 비기독교 문화권인 중남미, 몽골, 중앙아시아 지방의 토속적이고 민속적인 스타일이 이교도적으로 보였기 때문이다.

정리하면 에스닉은 '민족의 민속풍'이라는 뜻으로 풍습과 전통에 기인한 동양풍 의상을 의미하며 오리엔탈리즘적 요소가 많다. 이 이미지를 패션디자인으로 표현한 대표적인 예로는, 디자이너 폴 푸아레(Paul Poiret)의 동양풍 의상이 있다. 그의 패션쇼에 등장한 하렘팬츠, 허블 스커트, 기모노 스타일 등은 에스닉 이미지를 잘 보여준다. 주로 동양적인 소재에 프린지, 자수, 구슬 액세서리 등을 믹스 앤 매치하여 에스닉한 분위기를 나타낸다. 1990년대 이후 중국이 개방되면서 중국 산수화 등의 문양이나 차이나칼라, 매듭단추 등이 인기를 끌면서 시누아즈리(Chinoiserie) 룩이라고도 불렸다.

② 워킹 방법

에스닉 이미지의 의상을 입고 워킹할 때는 눈빛을 그윽하게, 표정은 경건하게 하고 어깨, 팔, 다리, 손의 동작을 최대한 자제해야 한다. 손을 모은다거나 의상 일부를 살며시 잡고, 맨발로 워킹을 하는 등의 연출을 많이 한다. 뒤꿈치는 살짝 들고 앞꿈치에 힘을 주며, 보폭을 자연스럽게 하여 경박하지 않은 감성으로 워킹하면 된다.

(7) 미니멀리즘 이미지

① 이미지 해석

미니멀리즘(Minimalism)은 '최소한', '극소의'라는 뜻이다. 1960년대부터 사용된 단어로, 미니멀리즘 이미지의 의상은 장식과 디테일을 최대한 제거한 심플한 라인과 최소한의 옷감으로 이루어진다. 이 이미지는 단순함

미니멀리즘 이미지

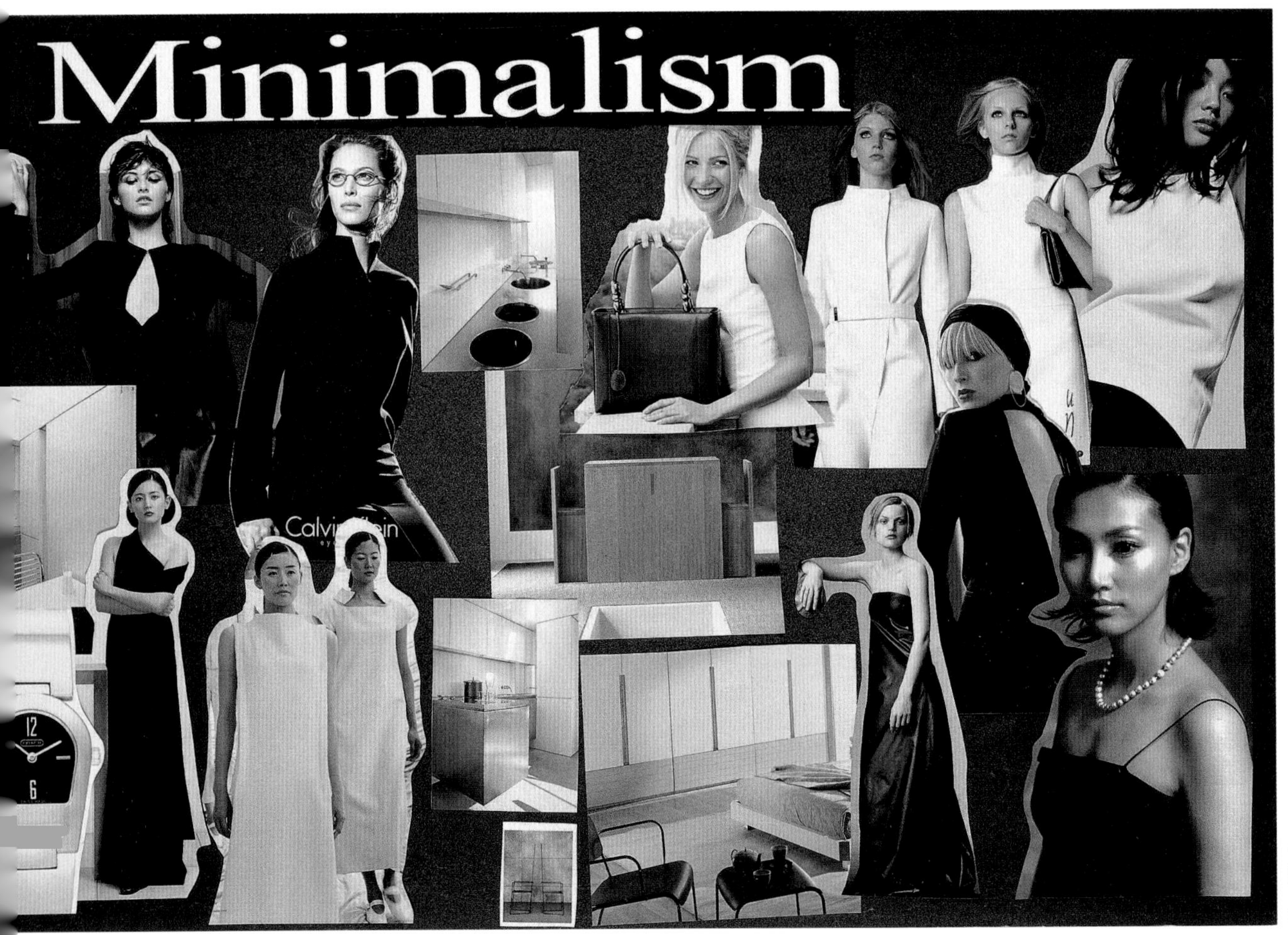

ⓒ 김혜경

과 순수함을 추구하며, 최소한의 선과 색을 사용함으로써 간결함을 극대화한다. 군더더기가 없고 순수한 색에 단순한 실루엣, 장식이나 액세서리 등의 생략으로 심플함을 극치를 보여주는 것이다.

미니멀리즘의 디자인 의상의 시초는 1960년대 메리 퀀트(Mary Quant)가 디자인한 미니스커트이다. 이 단순하면서도 활동적인 스커트는 실용성과 기능성을 모두 갖추고 있었다. 미니스커트의 탄생은 우리에게 새로운 인체의 미를 발견하게 해주었다. 미니스커트에는 니트, 라이크라 등 몸의 곡선을 자연스럽게 드러낼 수 있는 소재가 쓰였다.

② 워킹 방법

최근에는 워킹에서도 미니멀리즘이 강조되어 턴이나 포즈를 지양하는 '노 턴', '노 포즈'가 세계적으로 유행하고 있다. 현대사회의 복잡하고 바쁜 일상과 함께 등장한 미니멀리즘은 패션계에도 전파되어 워킹과 포즈를 변화시켰다. 미니멀리즘 워킹에서는 몸을 최대한 심플하게 움직이면서 무표정하고 시크한 느낌을 표현한다. 별다른 움직임 없이 실루엣을 최대한 심플하고 시크하게 표현하는 것이다. 워킹 시 박자는 정박자에 맞추어 군더더기 없이 깔끔하게 하면 된다.

CHAPTER 5

탑 포즈와 시선 처리

1 모델의 포즈

모델에게 포즈란 '몸짓'으로 표현하는 언어이다. 패션모델은 무대 위에서 포즈라는 정지된 상태를 통해 짧은 순간 100% 몰입하여 고도의 감정을 압축해서 표현해야 한다. 모델이 무대에서 취하는 다양한 동작과 최고의 포즈로 통해, 우리는 아름다운 영상과 사진을 얻을 수 있게 된다.

우리가 눈으로 감상하는 프로 모델의 멋진 포즈는 하루아침에 만들어진 것이 아니다. 수많은 시간과 노력으로 단점은 보완하고 장점을 늘려가며, 하나하나 자기 것이 되도록 노력해서 만든 결과물이다. 시니어 모델로서 성공적인 커리어를 이어나가고 싶다면, 거울을 보며 단점을 수정하고 장점은 더욱 부각시켜야 한다. 엔터테인먼트 산업은 철저한 비즈니스이다. 촬영 현장이나 런웨이는 모델이 준비될 때까지 결코 기다려주지 않는다. 시간이 곧 돈이기 때문이다. 준비되지 않은 모델은 바쁜 스케줄을 소화하는 연예인, 감독, 스태프들에게 엄청난 손해를 끼칠 수 있다. 따라서 모델은 평상시 화보나 잡지, 유명 연예인의 포즈를 연구하고 자신의 것으로 만들어놓아야 한다. 기회는 준비된 자만이 잡을 수 있기 때문이다.

여기서는 패션모델이라면 필수적으로 알아야 하는 기본 포즈를 엄선하여, 자세하게 설명해보도록 한다. 기초 과정의 교육생이나 일반인에게 포즈를 취해달라고 하면 다들 어색해하고 어떻게 해야 할지 고민할 것이다. 하지만 기본이 되는 포즈를 완벽하게 터득하면 언제 어디서나 세련되고 매력적인 모습을 취할 수 있게 될 것이다.

탑 포즈(Top pose)

모델이 백스테이지에서 무대로 워킹하며 나온 뒤, 무대의 탑에서 취하는 포즈를 말한다.

1) 남성 모델의 포즈

(1) 기본 포즈

기본 포즈(Basic pose)란, 멈춤 자세(Stop pose)에서 정면을 응시하고 어깨선은 일직선으로 펴고 팔은 자연스럽게 허벅지 양옆으로 붙이는 것이다. 이때 양발은 어깨너비로 벌리는데 두 발의 간격이 어깨너비보다 벌어지지 않도록 주의하여야 한다.

기본 포즈(좌)
포즈 2(우)

(2) 포즈 2

포즈 2에서는 왼발을 앞 12시 방향으로 놓고, 뒷발을 반 보 뒤에 두어 9시 방향에 놓는다. 그다음 자연스럽게 앞발을 살짝 구부린 상태에서 뒷발로 무게중심을 이동시킨다. 이렇게 하면 뒷발과 엉덩이에 힘이 들어간다. 시선은 사선 방향의 정면 또는 무대 정면을 강하게 응시한다. 남성 모델의 기본 포즈는 무게감과 안정감을 느끼게 해준다.

(3) 포즈 3

남성성과 무게감을 표현할 수 있는 포즈이다. 먼저 포즈 2를 취한 다음 한 손을 바지 주머니에 자연스럽게 넣으면 완성된다. 한 손을 주머니에 넣을 때는 팔이 몸에 붙지 않도록 팔꿈치를 구부린다. 반대쪽 팔은 자연스럽게 허벅지 쪽에 붙인다. 주머니에 넣는 손은 자신이 편한 쪽으로 정하면 된다. 기본적으로 시선은 정면을 응시하는데, 포즈에 익숙해지면 다양한 각도를 자유롭게 바라보도록 한다.

(4) 포즈 4

세계적으로 남성 모델들이 가장 많이 취하는 대표적인 포즈이다. 안정감이 있을 뿐만 아니라 손을 처리하기가 가장 쉽다. 런웨이뿐만 아니라 광고 및 남성 매거진 등에 많이 등장한다. 양손을 주머니에 자연스럽게 넣고 시선에 따라 사선으로 서면 멋진 자세가 연출된다.

(5) 포즈 5

남성 모델의 포즈는 여성 모델의 포즈와 달리 단순하고 미니멀한 동작이 요구된다. 남성은 액세서리를 많이 착용하지 않으며, 의상에 장식도 많이 달려 있지 않기 때문이다. 사용하는 소품이 있다면 시계, 커프스링크, 행거치프 정도이다.

포즈 5는 간결한 손동작 하나로 멋지게 연출할 수 있다. 손가락으로 커프스링크를 잡고 포즈를 취하면 슈트 속에 갖춰진 화이트 와이셔츠가

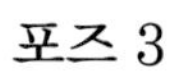

포즈 3

포즈 4

포즈 5

다양한 남성 모델의 포즈

드러나며 섹시한 느낌을 준다. 이 동작 하나로 반지, 시계, 커프스링크 등을 한번에 연출할 수 있다. 이 포즈를 응용하여 섹시한 느낌을 연출해 보자.

2) 여성 모델의 포즈

여성 모델에게 가장 기초가 되는 기본 포즈는 초급 과정에 해당되는 기본 포즈와 우아한 포즈, 중급 과정에 해당되는 섹시한 포즈, 고급 과정 해당되는 응용 포즈로 나눌 수 있다. 포즈를 익힐 때는 워킹에서 했던 것처럼 거울을 보면서 하고 원(one), 투(two) 카운트 박자를 붙여가며 반복 훈련하면 쉽고 빠르게 습득할 수 있을 것이다.

(1) 포즈 1: 기본 포즈

가장 초급 과정에서 배우는 기본 포즈이다.

① 베이직 포스처를 취한다.
② 왼쪽 발 앞머리를 11시 방향에 두고 카운트 원(one)을 놓는다.

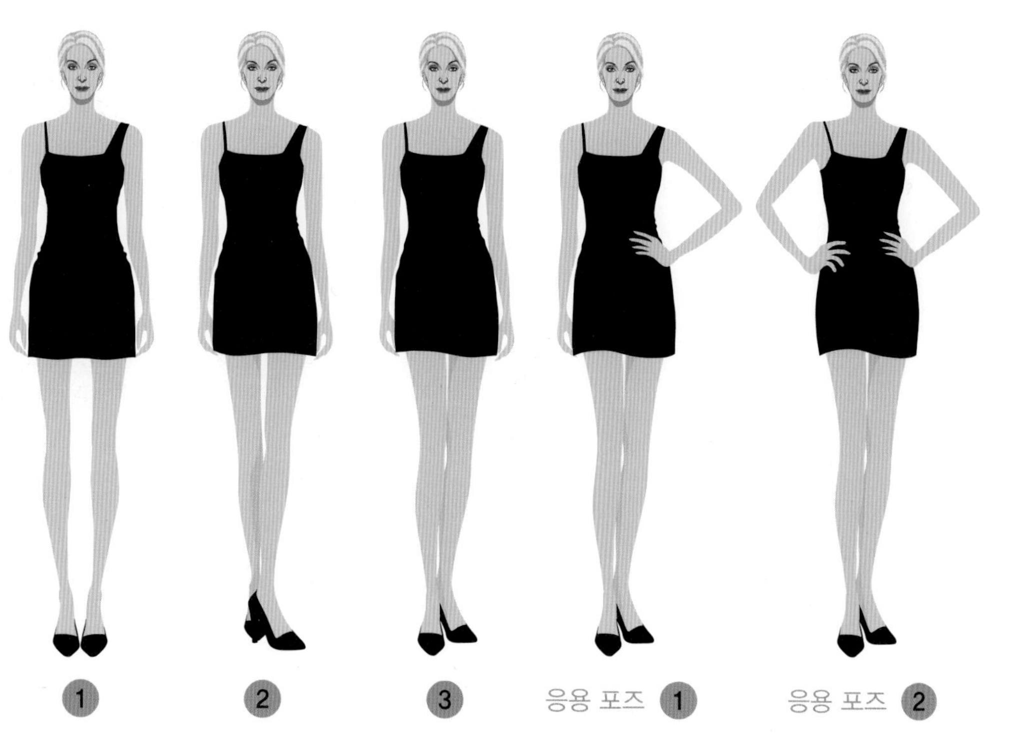

기본 포즈

③ 카운트 투(two)를 셈과 동시에 뒤에 있던 오른쪽 발을 1시 방향으로 선다. 그러면 발이 Y자가 되면서 무게중심이 자연스럽게 뒤쪽 엉덩이로 옮겨간다. 이때 시선은 정면을 향하고 어깨는 쇄골이 일직선이 되도록 둔다. 배와 허리에 힘을 주고 상체는 곧게 편다. 양팔은 몸에 너무 붙지 않도록 자연스럽게 내려놓으면 '포즈 ①'이 완성된다.

- 왼쪽 손을 허리(장골뼈)에 얹으면 팔꿈치 사이에 자연스럽게 빈 공간이 생기며 삼각형 모양과 함께 '응용 포즈 ①'이 만들어진다. 이때 손을 꼭 장골뼈 위에 놓아야 화보나 런웨이에서 다리가 길어 보일 수 있다.

  Tip 이때 손이 너무 아래로 내려가면 다리가 짧아 보일 수 있다.

- 양쪽 팔꿈치를 바깥쪽으로 하여 포즈를 취하면 팔꿈치 가운데 빈 공간이 삼각형을 이루게 된다. 이렇게 하면 안정감이 느껴지는 '응용 포즈 ②'가 만들어진다.

  Tip 거울을 보며 연습하면 더욱 자신감을 얻을 수 있다.

(2) 포즈 2: 우아한 포즈

초급 과정에 해당하는 이 포즈는 여성 모델들이 가장 많이 하는 대표적인 포즈이다. 세계적인 스타와 모델들이 무대나 오디션, 광고, 매거진, 포토월 또는 포토존에서 가장 많이 취하는 포즈로 우아미가 느껴진다. 한쪽 다리를 비스듬하게 놓고 서면 허리에서 다리까지 이어지는 아름다운 곡선미가 드라마틱하게 보여진다.

① 베이직 포스처를 취한다.

② 오른쪽 발을 12시 정면 방향으로 내딛어 중심을 잡고 카운트 원(one) 동작을 한다.

③ 왼쪽 발을 10시 방향 사선으로 틀고 다리를 곧게 펴며 카운트 투(two) 동작을 한다. 이때 무게중심을 오른쪽 다리 골반과 엉덩이 쪽으로 싣는다. 시선은 부드럽게 응시하고 우아한 미소를 짓는다. 몸의

허리라인과 골반은 자연스럽고 우아하게 살리며, 팔에 힘을 쫙 빼고 편안하게 내려놓으면 우아미가 느껴지는 포즈가 완성된다.

- 오른손을 허리(장골뼈) 위에 올려주면 팔꿈치에 자연스럽게 삼각형 모양의 빈 공간이 만들어진다. 이때 손가락을 너무 많이 벌리거나 오므리는 것은 금물이다. 우아한 모습을 연출하고 싶다면 손가락 사이를 살짝 벌려주는 것도 좋다. 가장 중요한 것은 시선 처리이다. 우아한 눈빛으로 정면을 응시하거나 사선으로 뻗은 왼쪽 앞발 쪽으로 고개를 돌려 시선 처리를 한다. 이렇게 하면 '응용 포즈 ①'이 완성된다.
- 시선은 정면을 우아한 눈빛으로 바라본다. 이때 양쪽 어깨의 높낮이를 다르게 조절하고, 양쪽 팔꿈치는 한쪽이 높게 반대쪽은 낮게 대칭이 되게 하여 몸의 아름다운 각선미를 연출한다. 하체 골반은 오른쪽으로 무게중심을 밀어주면 허리의 곡선과 골반 위치가 자연스럽게 위로 올라가면서 우아한 자태의 '응용 포즈 ②'가 완성된다.

(3) 포즈 3: 섹시한 포즈

중급 과정에 해당되는 섹시한 느낌의 포즈이다. 여성 모델이 섹시함을 어필하기에 가장 좋은 포즈로, 섹시한 느낌의 광고나 사진에서 많이 등장한다. 엉덩이를 최대한 뒤로 빼서 몸을 S자로 만들고 골반을 최대한 위로 올려 연출하면 된다. 이 포즈의 특징은 허리와 힙 라인을 보여주는 일명 'S라인'이다. 주로 스포츠모델, 레이싱모델, 빅토리아시크릿 패션쇼에 등장하는 모델들이 이러한 포즈를 많이 취한다.

① 베이직 포스처를 취한다.
② 왼쪽 발 앞머리를 12시 방향에 카운트 원(one)으로 놓는다. 이때 왼쪽 다리에 무게중심이 놓이고 무릎은 살짝 구부린 상태가 된다.
③ 바로 카운트 투(two)를 놓고 오른쪽 뒷발을 12시 방향으로 놓으면 두 발이 1자 형태가 된다. 이때 두 다리는 살짝 구부린 상태이다.
④ 1자 형태에서 바로 동시에 트위스트 턴을 하면 몸이 다운 앤 업(Down and up) 상태가 된다. 그러면 오른쪽 골반이 위로 올라간 형태가 되고, 왼쪽 무릎은 구부린 포즈가 된다. 상체는 회전시키면서

섹시한 포즈

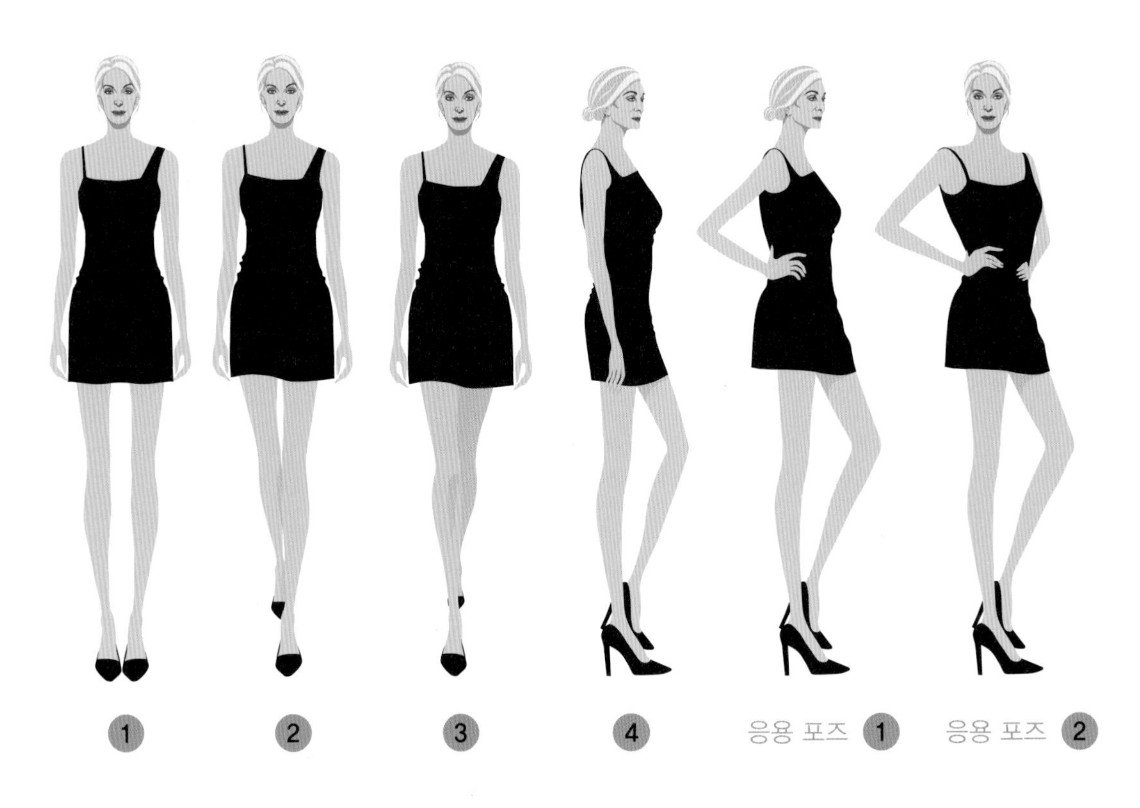

곧게 편 뒤 시선은 정면을 섹시하게 응시하고, 왼쪽 손을 허리 위에 얹으면 팔꿈치 사이에 자연스럽게 빈 공간이 생긴다.

- 오른손을 허리(장골뼈) 위에 올려주면 팔꿈치 사이에 자연스럽게 빈 공간이 생기며 삼각형 모양이 만들어진다. 이때 손가락을 너무 많이 벌리거나 오므리는 것은 금물이다. 섹시한 포즈에서 가장 중요한 요소는 눈빛과 감정이다. 아무리 멋진 포즈를 취하더라도 이 부분이 부족하면 포즈를 망친 것이나 마찬가지이다. 섹시한 눈빛 연기를 위해서는 섹시한 감정을 갖고 눈빛과 포즈의 삼위일체를 이루어야 한다. 그렇게 하면 '응용 포즈 ①'이 완성된다.
- '응용 포즈 ②'를 연출해보자. 먼저 '응용 포즈 ①'을 취한 상태에서 왼손을 뒤에 섹시하게 올려놓는다. 이때 양쪽 어깨의 높낮이를 다르게 연출하거나, 양쪽 팔꿈치를 한쪽은 높게 반대쪽은 낮게 위치시키면 좀 더 섹시한 포즈가 되어 사람들의 마음을 사로잡을 수 있다.

(4) 응용 포즈

초급 과정과 중급 과정에 해당하는 포즈를 어느 정도 완성시켰다면, 최종적으로 고급 과정에 해당하는 응용 포즈를 익힐 수 있다. 거울을 보면서 다음과 같은 순서로 자기 신체에 맞는 포즈를 취해보도록 한다.

- 우아한 눈빛과 감정을 연출한다.
- 고개를 좌우, 위아래로 움직이며 연습한다.
- 어깨 높낮이를 조절하고 몸통은 사선으로 비틀면서 연습한다.
- 양쪽 팔꿈치 및 손의 위치를 다르게 표현해서 아마추어 같은 느낌을 제거하고 우아하게 연출한다.
- 발의 위치는 의상에 따라 각도, 넓이를 다르게 하여 연습한다.

다양한
여성 모델의
포즈

2

시선 처리

일상생활에서 우리는 장소와 상황에 따라 시선 처리를 다르게 한다. 평상시 대화에서는 상대방의 눈을 마주보면서 경청하는 것이 기본 매너인데, 그렇게 하는 이유는 눈을 주시함으로써 상대의 말이나 심리 상태를 이해하기 위해서이다.

우리는 눈빛을 잘 처리하는 것만으로도 호감을 주는 이미지를 만들 수 있다. 비즈니스를 하는 사람이라면 좋은 시선 처리로 상대방에게 호감과 진실성을 느끼게 하여 좋은 결과를 만들 수도 있다.

그렇다면 시니어모델의 시선 처리는 어떻게 해야 할까? 기본적으로 정면 15°를 응시하는 연습을 꾸준히 하면 된다. 런웨이에서 워킹할 때는 정면의 메인 카메라를 응시하고, 걸을 때는 관객석 너머 20~30cm 정도로 멀리 바라보아야 한다. 이렇게 해야 밸런스를 잃지 않고 바르게 워킹할 수 있으며, 런웨이에서 안정감을 줄 수 있다.

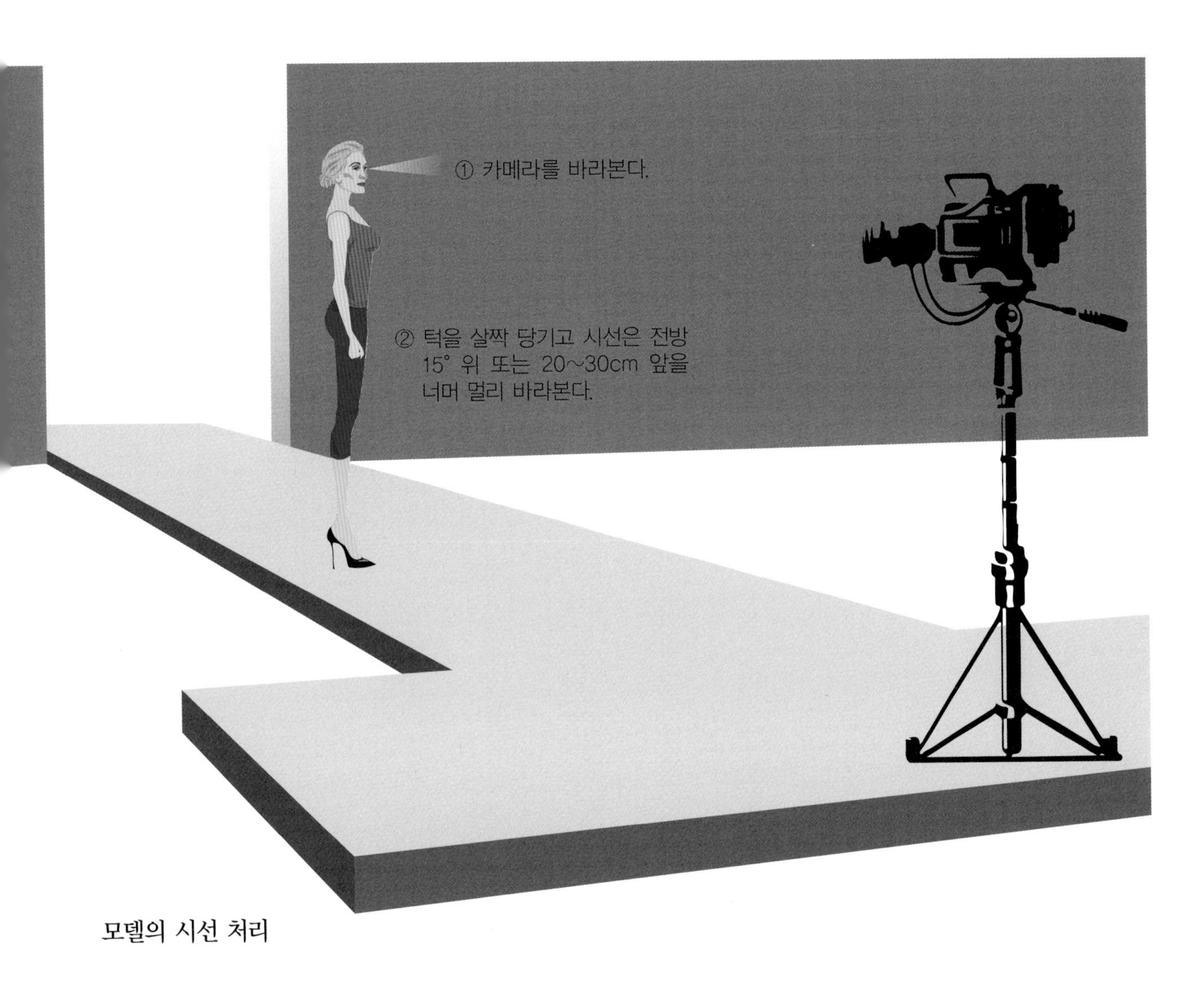

모델의 시선 처리

워킹할 때 절대 하면 안 되는 시선 처리 사례는 다음과 같다.

- 시선을 위로 치켜뜬다.
- 시선을 아래위로 움직인다.
- 곁눈질하면서 걷는다.
- 땅바닥을 보면서 워킹한다.

만약 신인 모델이 오디션이나 런웨이에서 시선 처리를 산만하게 한다면, 아무리 신체조건이 좋더라도 자신감이 없어 보이거나 산만해 보이기 마련이다. 즉 모델의 자격이 없다고 할 수 있다.

CHAPTER 6

턴

CHAPTER OVERVIEW

단계별 턴

	여성 모델 턴	남녀 공통 턴	남성 모델 턴
초급 과정		(1) 하프 턴 (2) 중간 턴 (3) 컬렉션 턴 (5) 백 턴	(4) 탑 턴
중급 과정	(1) 트위스트 턴 (2) PP 턴 (3) 더블 턴		(4) 원스텝 백 턴
고급 과정	(2) 샤넬 턴 (3) 하프 & 풀 턴 (4) 더블 풀 턴 (5) 콤비네이션 중간 턴 ① 고급 응용 중간 턴 1 ② 고급 응용 중간 턴 2 ③ 고급 응용 중간 턴 3	(1) 풀 턴	

완벽한 턴 동작을 위한 수칙

첫째, 중심축과 균형 밸런스 유지(신체 중심의 높이 변화)를 체크한다.
둘째, 턴을 할 때는 리듬감이 중요하다. 각 턴 동작에 카운트 박자를 붙여 연습하면 리듬감뿐만 아니라 강약 조절에 따른 아름답고 우아한 턴을 연출할 수 있다.
셋째, 회전할 때는 턱을 먼저 당기고 시선은 마지막에 돌린다. 하체–상체–머리 순으로 돌면 된다.

1 턴의 이해

오늘날 패션쇼는 현대예술이라고 할 수 있다. 패션쇼는 크게 패션디자이너, 모델, 무대, 음악, 조명의 5요소로 이루어지며 그중에서 모델이 런웨이에 등장하여 퇴장할 때까지 벌이는 퍼포먼스는 크게 워킹(Walking), 포즈(Pose), 턴(Turn)의 3요소로 이루어진다. 이 중에서 턴이란 런웨이에서 워킹 및 포즈를 한 후 방향 전환을 자연스럽게 만드는 연결 동작이다. 여기서는 턴을 통해 얻을 수 있는 일시적 여유를 통해 무대 위에서 모델들과 유기적으로 합을 맞추고, 무대를 세련되고 화려하게 연출하는 방법을 배워본다.

턴을 연습할 때는 동작을 습관처럼 몸에 익혀야 프로 모델처럼 세련된 턴을 할 수 있다. 그러기 위해서는 기초적인 턴부터 고급 응용 턴까지 모두 꾸준히 연습해야 한다. 턴도 포즈나 워킹처럼 항상 거울을 보면서 자세를 익히고, 각 동작마다 카운트 박자 원(one), 투(two)를 붙여 반복 훈련하면 쉽고 빠르게 습득할 수 있을 것이다.

사람들은 대부분 몸의 오른쪽 면을 사용한다. 따라서 앞으로 나올 턴에 대한 설명은 전부 오른쪽을 기준으로 한 것이다. 만약 몸의 왼쪽을 먼저 사용하는 것이 익숙하다면 본문 중 오른발을 중심으로 서술된 부분을, 왼발로 바꾸어 이해하면 된다.

2 턴의 종류

1) 초급 과정

(1) 하프 턴 남녀 공통 턴

하프 턴(Half turn)은 180° 회전한다. 1/2턴, 혹은 T-턴이라고도 부르는 이 턴은 '하프 턴'이라는 명칭으로 용어를 통일하겠다. 말 그대로 반 바퀴만 도는 이 턴은 런웨이에서 가장 많이 사용된다.

하프 턴을 하는 목적은 크게 두 가지로 나눌 수 있다. 첫 번째는 탑(top) 포즈를 취한 후 백스테이지로 돌아오기 위해 방향을 전환하기 위

하프 턴

해서이고, 두 번째는 무대 중간에서 다시 탑으로 올라가거나 중간 턴을 하기 위해서이다. 하프 턴의 자세한 수행 방법은 다음과 같다.

- 기본 포즈를 취하고 카운트 원(one)에서는 앞 12시 방향으로 오른발을 내딛고, 시선은 정면을 향한다. 카운트 투(two)에서는 왼발 앞꿈치를 1시 방향 혹은 45° 각도로 놓는다.
- 오른발에서 왼발로 무게중심을 이동시키며, 오른쪽 방향으로 180° 회전한다. 그러면 포즈 ⑤와 같이 뒤로 반 바퀴를 6시 방향으로 서게 된다. 이때 오른쪽 앞발 뒤꿈치가 뒷발 발꿈치의 움푹 파인 홈을 향해 있다면 바르게 회전한 것이다.

  Tip 몸을 오른쪽으로 회전할 때 팔을 크게 휘감지 않도록 한다. 시선은 몸이 돌아가고 반 박자 정도 늦게 돌린다. 그래야 로봇처럼 보이지 않는다.

- 포즈 ⑥과 같이 왼발을 먼저 앞으로 내딛으며 워킹을 이어나간다.

  Tip 구분 동작은 다리-상체-머리-시선 순으로 연습한다.

하프 턴을 할 때 주의 사항

두 발을 T자로 내려놓았을 때 간격은 약 10~15cm가 적당하다. 두 발의 간격이 너무 가까우면 다리가 X자로 꼬여 넘어지기 십상이다. 반대로 간격이 너무 멀면 턴을 하고 나서의 동작이 아름답지 않으며, 다음 동작으로 자연스럽게 연결시키기가 어렵다.

(2) 중간 턴 남녀 공통 턴

중간 턴(Medium turn)은 모델이 탑 포즈를 한 뒤 백스테이지로 아웃(out)할 때, 무대의 2/3 중간 지점에서 하프 턴을 하여 무대의 탑으로 걸어 올라갈 때 한다. 중간 턴의 자세한 수행 방법은 다음과 같다.

- 탑에서 포즈를 하고 턴을 해서 백스테이지 쪽으로 돌아서 내려가다 중간 지점에서 다시 리턴해서 탑으로 올라간다.
- 여러 명이 함께 등장하는 패션쇼에서는 1명 또는 다수의 모델들과 합을 맞춘다. 탑으로 걸어 올라갈 때 탑에서 내려온 모델이 중간 턴을 하면, 백스테이지에서 출발한 모델이 중간 지점에서 걸어 올라간다.

  Tip 주로 하프 턴을 많이 한다.

(3) 컬렉션 턴 남녀 공통 턴

컬렉션 턴(Collection turn)이란 무대의 탑까지 워킹한 후 탑 포즈를 하지 않고 U자 형태로 크게 도는 것이다. 최근 '노 포즈', '노 턴'을 지향하는 컬렉션에서 많이 사용되고 있다. 컬렉션 턴의 자세한 수행 방법은 다음과 같다.

- 긴 드레스를 입었을 때 U자 형태로 턴을 하면 드레스 꼬리를 밟지 않을 수 있어 유용하다.

  Tip 스트리트 룩, 스포티한 룩, 경쾌한 음악에 잘 어울린다.

- 패션쇼의 의상 수가 많으면 자칫 지루해지기 쉬운데, 이때 컬렉션 턴을 이용하면 쇼를 빠르게 진행할 수 있다.

컬렉션 턴

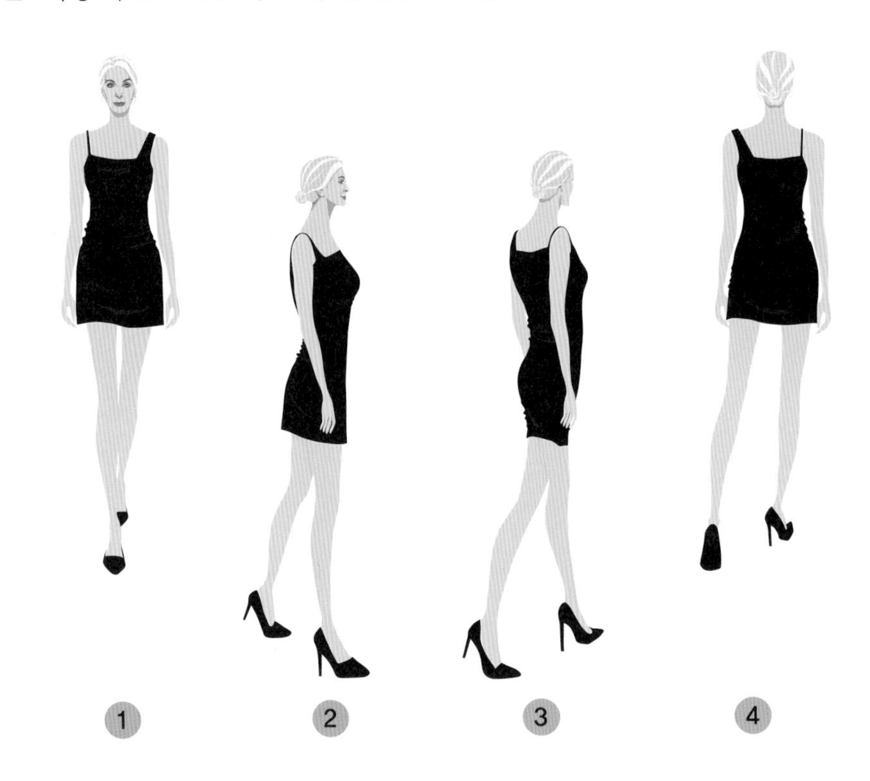

(4) 탑 턴 남성 모델 턴

탑 턴(Top turn)은 남성적이고 강력한 카리스마를 표현해준다. 탑 턴의 수행 방법을 살펴보면, 먼저 무대 탑까지 워킹한 후 멈춤 자세(Stop pose)를 하는데 이것이 '기본 포즈 ①'이 된다. 이때 왼쪽 뒷발에 있던 무게중심을 오른쪽 앞발로 이동시킨다. 그다음 강렬한 눈빛으로 정면을

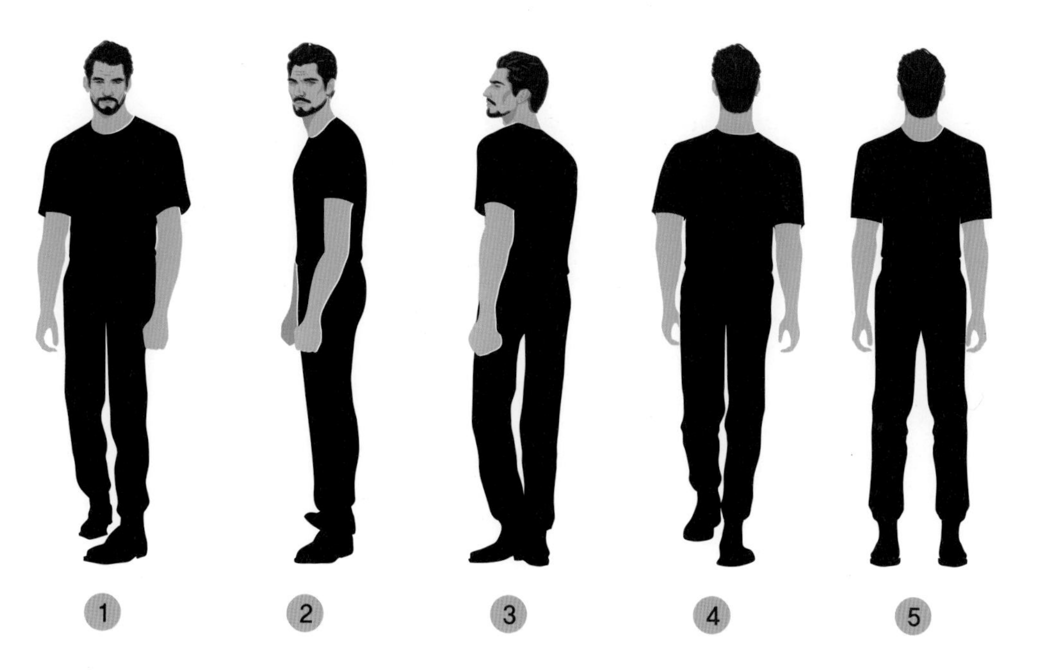

탑 턴

2초 정도 응시한다. 바로 뒷발의 무게중심을 이동시켜 백 턴(Back turn)을 하여 백스테이지로 아웃한다.

(5) 백 턴 남녀 공통 턴

백 턴(Back turn)은 간결하다. 말 그대로 심플하고 모던하게 돌아서 아웃하면 된다. 여성 모델의 시그니처가 더블 턴이라면, 남성 모델의 시그니처는 백 턴이다. 남성 모델은 여성 모델보다는 화려하지 않지만, 그와는 다른 매력을 런웨이에서 뿜어낸다. 남성 모델은 댄디하게, 또는 무게감 있게 자신의 존재감을 드러낸다. 백 턴의 자세한 수행 방법은 다음과 같다.

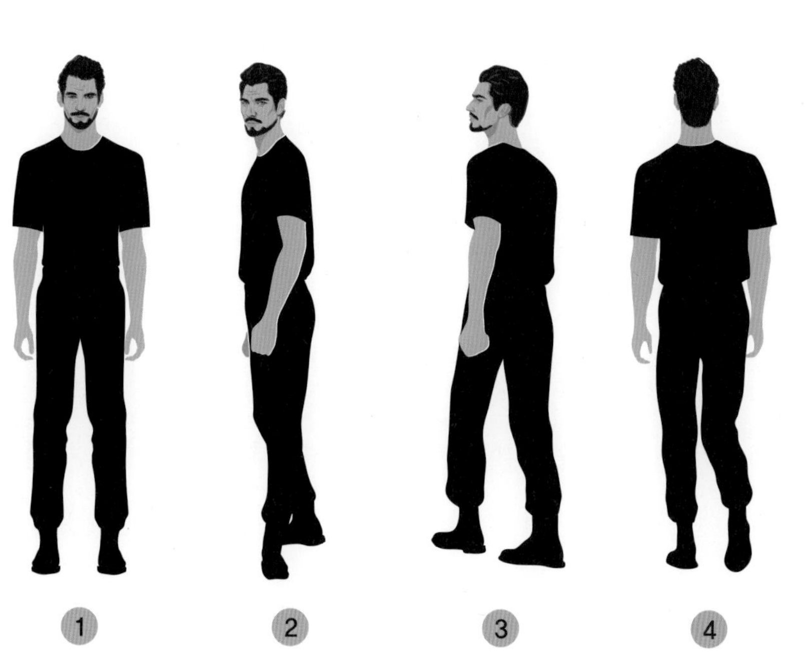

백 턴

- 무대 탑에서 '기본 포즈 ①'과 같이 정면을 보고 양발의 무게중심을 5 : 5로 해서 선다. 시선도 정면을 응시하고, 카운트 원(one)에 오른발을 움직여 왼발 뒤꿈치 3시 방향 뒤에 놓는다.
- 카운트 투(two)에서 뒤로 왼발을 돌려 6시 방향으로 디디며 워킹을 이어나간다.

Tip 턴을 하는 과정에서 시선이 몸보다 조금 늦게 돌아야 멋진 동작을 연출할 수 있다.

2) 중급 과정

중급 과정부터는 턴 아웃을 통해 하체부터 머리까지 개별적으로 회전을 하게 된다. 이제부터는 턴 동작이 한 편의 오케스트라처럼 흐트러짐 없이, 나와 한 몸이 되어야 한다. 모델의 턴은 얼핏 보면 누구나 따라할 수 있을 만큼 쉬워 보이지만, 정확한 테크닉을 익히지 않으면 넘어지기 쉬운 동작이다.

(1) 트위스트 턴 여성 모델 턴

트위스트 턴(Twist turn)이란 회전하는 모습이 꼭 트위스트를 추는 것 같다고 해서 붙은 이름이다. 무언가를 비비는 것 같다고 하여 '비빔 턴' 이라고도 부른다. 트위스트 턴의 자세한 수행 방법은 다음과 같다.

- 오른쪽을 기준으로 양쪽 뒤꿈치를 살짝 들고, 양발의 앞꿈치만을 비벼 오른발 앞쪽(3시 방향)에 놓고 왼쪽 발뒤꿈치(9시 방향)를 향해 몸을 튼다. 이렇게 하면 정확한 트위스트 턴이 나온다.
- 탑 포즈에서는 양 발의 무게중심을 5 : 5로 하거나, 오른발이 정면 12시를 방향, 왼쪽 앞발이 10시 방향으로 놓여 있을 때 주로 사용한다. 시선은 가장 마지막에 돌린다. 몸을 틀 때 양발이 너무 가까우면 다리가 X자로 꼬여 넘어질 수 있으므로 두 발의 간격을 적당히 벌리고 돌아야 한다.

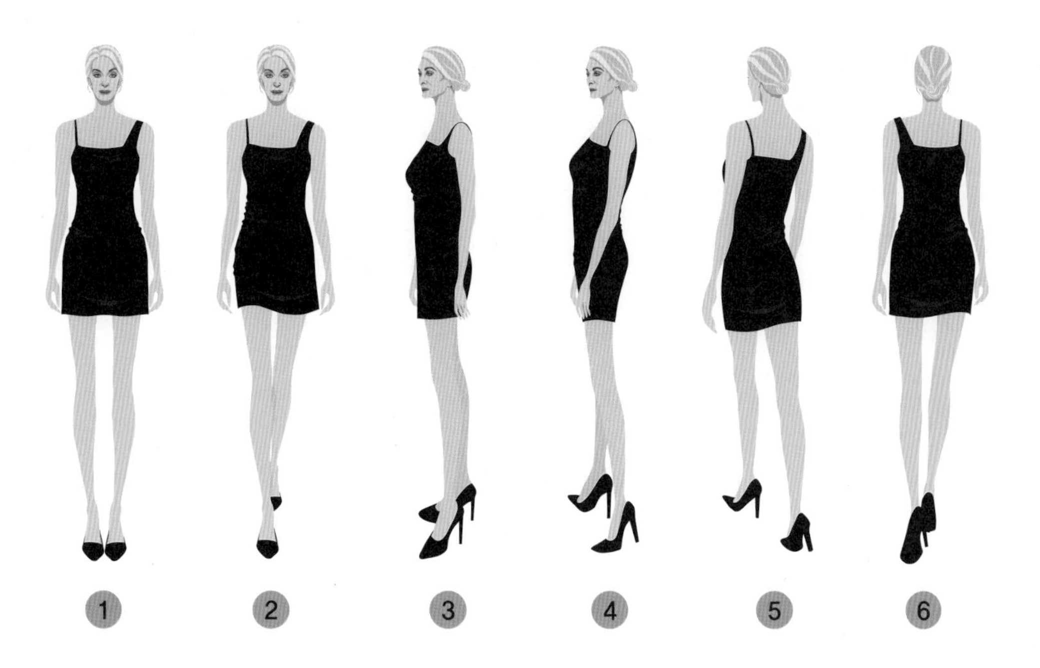

트위스트 턴

(2) PP 턴 여성 모델 턴

PP 턴(Pull & Push turn)이란 말 그대로 '당기고 밀어주는' 턴이다. 모델 한혜진이 TV 프로그램에 나와 선보이면서 더욱 유명해졌다. PP 턴의 자세한 수행 방법은 다음과 같다.

- 무대 탑에서 '기본 포즈 ②'를 취한다.
- 사선 2시 방향으로 뻗은 오른발을 카운트 원(one)에 왼쪽 발뒤꿈치 쪽으로 끌어당겨 놓는다.
- 카운트 투(two)에 양발을 까치발로 만든 상태에서 비비고 틀어 180° 턴을 한 후, 바로 오른발을 오른쪽 가슴 밑에 내려놓으며 워킹 아웃한다.

PP 턴

(3) 더블 턴 여성 모델 턴

더블 턴(Double turn)은 하프 턴을 연속해서 두 번 하는 것이다. 여성 모델의 턴 중에서 가장 우아하고 아름답다. 백스테이지에서 무대에 탑으로 올라갈 때 하거나, 탑 포즈 후 백스테이지로 들어갈 때 중간에서 우아하게 연출한다.

화려한 웨딩드레스와 같이 몇 겹으로 이루어진 레이어드 룩(Layered look)을 입으면 런웨이에서 제대로 표현하기가 어려운데, 이때 더블 턴을 하면 의상의 우아함을 더욱 잘 표현할 수 있다. 무대 위에서 포즈를 하며 머무르기 때문에 무대 위의 변수가 나타날 때 런웨이의 템포를 조절하는 데도 도움이 된다.

더블 턴

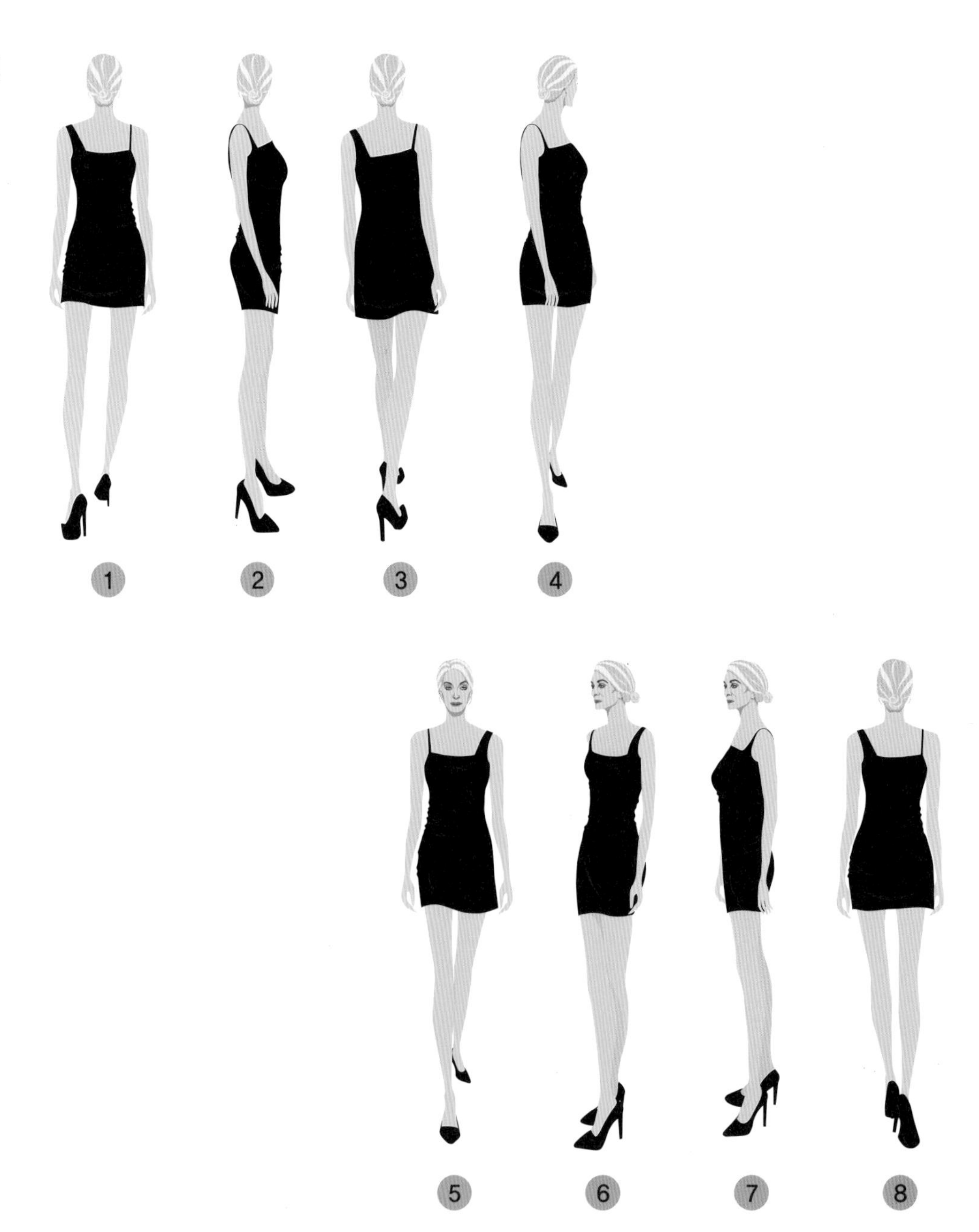

(4) 원스텝 백 턴 남성 모델 턴

원스텝 백 턴(One-step back turn)은 무대 탑에서 '기본 포즈 ①'을 취한 상태로 시작된다. 원스텝 백 턴의 자세한 수행 방법은 다음과 같다.

- 시선은 정면을 응시하고, 카운트 원(one)에 왼발을 반 스텝 정도 뒤쪽 6시 방향에 놓음과 동시에 오른쪽 발을 움직여 3시 방향에 놓는다.
- 동시에 왼발을 5시 방향으로 중심 이동시켜 워킹을 이어나간다. 턴을 하는 과정에서 몸이 반 이상 돌 때까지 기다렸다가 시선을 그보다 조금 늦게 돌려야 멋진 동작을 연출할 수 있다.

원스텝 백 턴

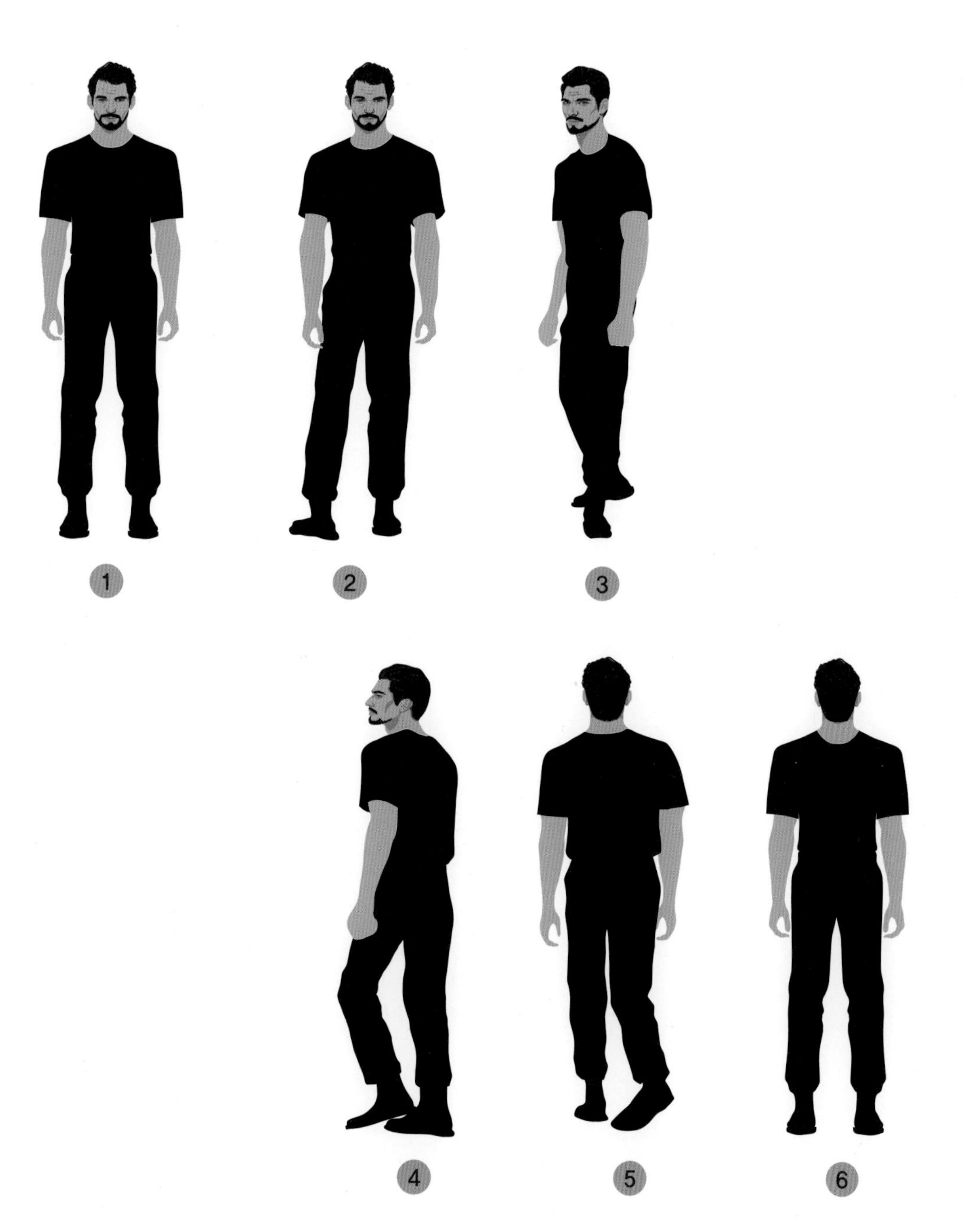

3) 고급 과정

여기서 배우는 고급 턴은 지금까지 배운 여러 턴 중에서 난이도가 가장 높은 것이다. 숙련된 프로 모델의 세련된 턴으로, 반복 연습을 통해서만 익힐 수 있다. 오트쿠튀르의 화려하고 럭셔리한 의상을 우아하게 표현할 때 주로 사용된다. 만약 본인이 고급 턴을 하기에 미숙하다고 생각하거나, 컨디션이 100%가 아니라고 판단된다면 수행하지 않는 편이 좋다.

패션쇼는 의상의 이미지를 대중에게 가장 적절하게 표현하는 작업으로, 패션모델은 세련된 표정으로 음악과 리듬에 맞추어 무대 위에서 짧은 순간 모든 것을 쏟아내야 한다. 패션모델은 다양한 콘셉트의 무대에서 수많은 룩을 만나게 된다. 이때 디자이너나 연출자에게 어떤 수준 높은 턴을 요청받을지 모르므로, 이러한 고급 턴을 평소에 꼭 익혀두어야 한다. 대중 앞에서 고급 턴을 멋지게 선보이는 능력은 패션모델의 기본 소양이다.

(1) 풀 턴 남녀 공통 턴

결론부터 말하면 풀 턴(Full turn)은 360° 회전하는 턴이 아니다. 이름 탓에 이 부분을 오해하기 쉬운데, 실제 풀 턴은 360°가 아닌, 270° 정도만 회전하는 턴이다. 대개 오트쿠튀르 감성을 담은 웨딩드레스나 드레스풍 의상, 한복 등을 입고 수행하는데 국내 유명 디자이너 앙드레김의 패션쇼에 자주 등장하였다.

초보 모델이 처음 풀 턴을 하게 되면 몸이 전체적으로 크게 돌아 자칫 흔들리거나 넘어질 수가 있다. 따라서 발레리나가 연속으로 턴을 할 때처럼 어지러워하거나 방향 감각을 잃지 않도록 시선을 한곳에 꽂아두고 몸만 돌아야 한다. 그렇게 하면 많은 회전을 하고도 안정된 자세를 유지할 수 있게 된다. 이처럼 회전수가 많은 턴을 할 때는 시선과 턱의 위치를 고정하는 연습을 하면 안정적인 턴을 할 수 있게 된다.

풀 턴의 수행 방법을 자세히 살펴보면, 하프 턴을 돌 때보다 조금 더 회전한다고 생각하면 된다. 이때 시선은 12시 방향으로 정면을 응시하고 등으로 회전한다고 생각한다. 하프 턴을 하는 방법과 거의 동일하나, 왼발 뒤꿈치가 사선으로 더 나가 중심축인 오른발 앞꿈치 앞을 디딤과 동시에 돌았을 때 완전한 360°가 아닌 정면에서 약간 사선으로 선 동작을 만든다는 점이 특징적이다. 이렇게 하면 정확한 풀 턴 동작이 완성된다.

풀 턴 수행 시 가장 유의할 점은 두 팔의 간격이다. 풀 턴은 몸이 크게 회전하기 때문에 자칫 두 팔이 프로펠러처럼 보이거나, 회전 시 팔이 몸에 딱 달라붙어 통나무처럼 보일 수 있다. 따라서 팔과 몸의 간격이 20cm 이상보다 넓어지지 않도록 해서 자연스럽게 회전해야 한다.

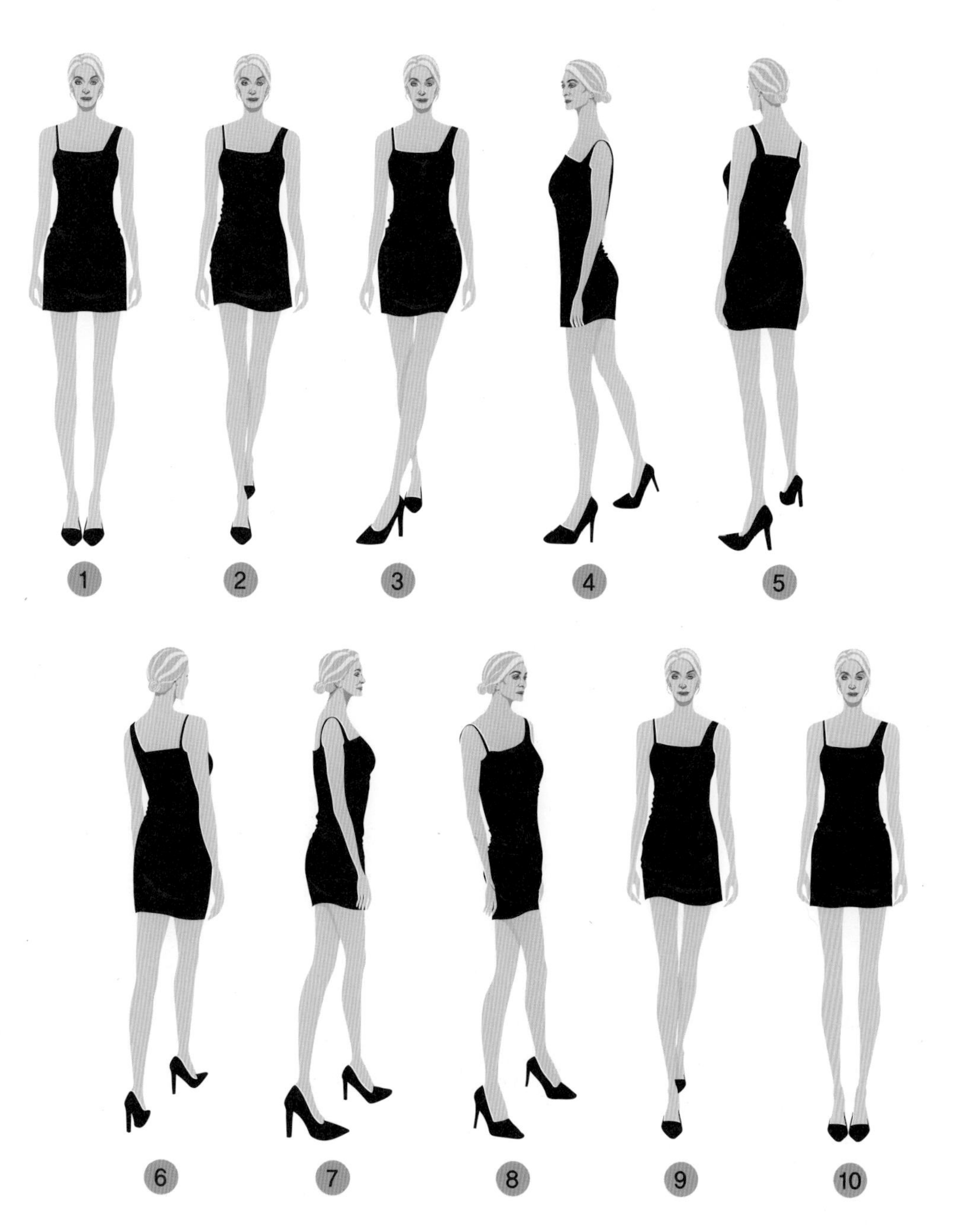

풀 턴

(2) 샤넬 턴 여성 모델 턴

샤넬 턴(Channel turn)은 무대 탑까지 올라가서 포즈를 취하지 않고 바로 하프 턴을 하는 것이다. 두 번의 하프 턴과 한 번의 트위스트 턴, 총 3회의 턴으로 구성된다. 샤넬 턴의 자세한 수행 방법은 다음과 같다.

- 무대 탑에서 포즈를 취하지 않고 곧바로 하프 턴을 한 후, '기본 포즈 ②'를 취한다.
- 1~2초간 포즈를 취하며 정지하고 카운트 쓰리(three) 동작을 한 후, 탑을 바라본 상태에서 우측으로 180° 트위스트 턴을 하며 턴 아웃 백스테이지로 들어간다.

Tip 탑 포즈 없이 연속으로 돌기 때문에 첫 번째 턴은 빠르게, 두 번째 턴은 조금 느리게 돌면서 리듬감 있는 강약 조절을 해야 숙련된 프로 모델처럼 보일 수 있다.

(3) 하프 & 풀 턴 여성 모델 턴

하프 & 풀 턴은 말 그대로 하프 턴에 풀 턴을 더한 동작이다. 난이도가 높으며, 고급스럽고 클래식한 오트쿠튀르 감성의 패션을 연출할 때 많이 사용한다. 이렇게 숙련도가 높은 턴을 할 때는, 턴과 턴의 연결이 스타카토(Staccato)처럼 끊기거나 몸의 높낮이가 튀어서는 안 된다.

자세한 수행 방법을 살펴보면 우선 첫 번째 하프 턴 동작을 한 다음 밸런스를 유지하고, 자연스럽게 두 번째 풀 턴을 첫 번째 턴과 같은 느낌으로 하면 된다. 이때 카운트 박자를 세면서 턴을 하면 리듬감이 생기고 자연스럽다. 주로 로맨틱 이미지의 패션쇼에서 많이 사용하기 때문에, 사랑의 감정과 눈빛을 표현하며 우아하게 턴으로 연결한다.

(4) 더블 풀 턴 여성 모델 턴

더블 풀 턴(Double full turn)은 연속으로 풀 턴을 두 번 도는 동작이다. 360° 회전을 두 번 하기 때문에 난이도가 높으며, 몸의 밸런스를 잡기가

샤넬 턴

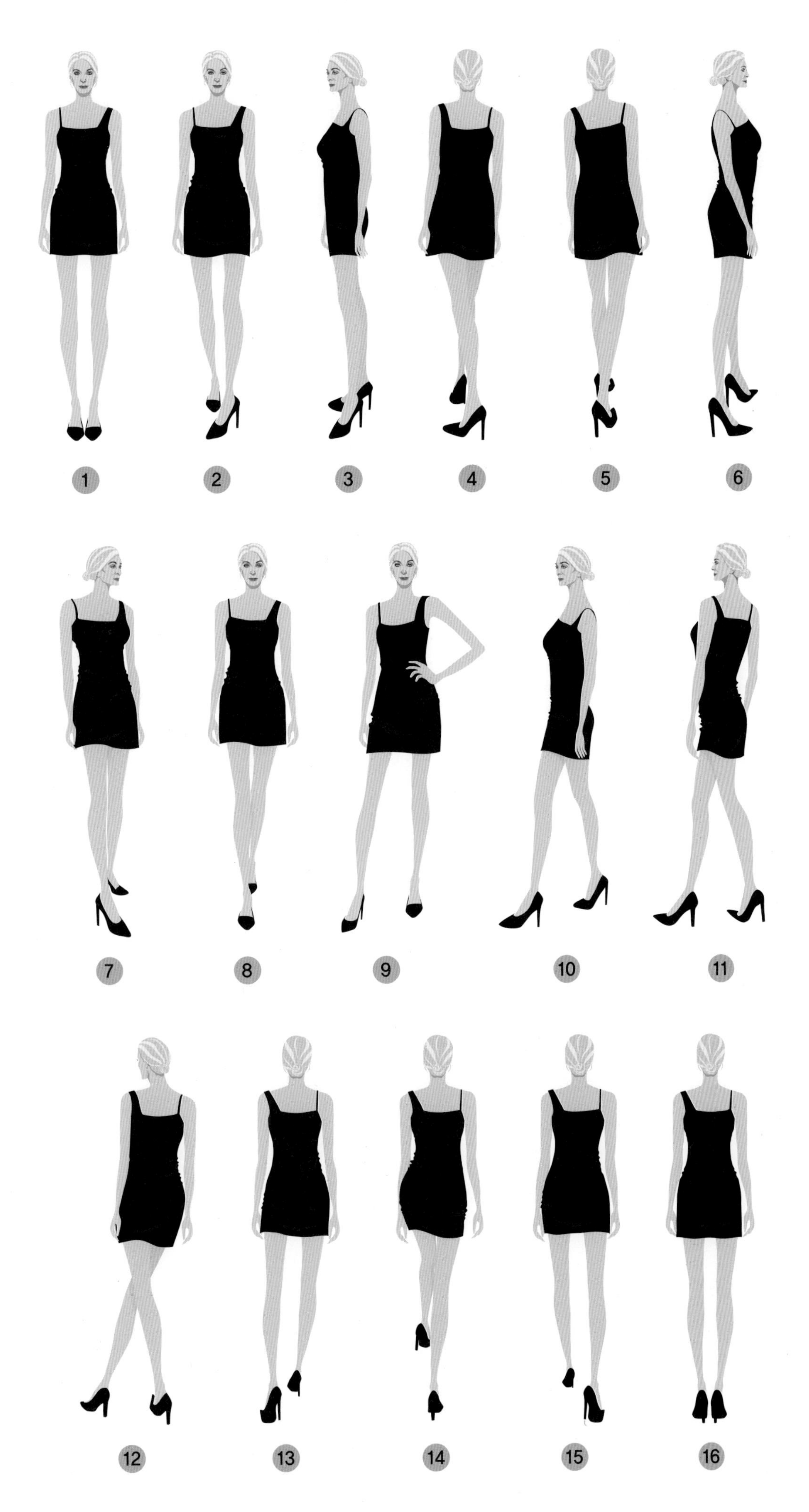

쉽지 않다. 턴의 난이도가 높으면 높을수록 턴과 턴 사이의 구간에서 밸런스를 자연스럽게 유지하며 다음 동작을 이어가야 아름답고 우아한 턴이 만들어진다.

더블 풀 턴을 잘 수행하기 위해서는, 턴을 하려는 방향 한곳에 시선을 집중시키는 것이 좋다. 발레리나들이 회전하는 것처럼 오직 한곳만 보고 스포팅(Spotting)을 하는 것이다.

(5) 콤비네이션 중간 턴 여성 모델 턴

콤비네이션 중간 턴(Combination medium turn)은 크게 다음과 같이 나누어진다.

① 고급 응용 중간 턴 1

하프 턴 두 개를 응용한 동작이다. 무대 탑에서 포즈를 취한 후 백스테이지로 들어가다가 무대 중간에서 더블 턴을 하면 된다. 즉, 하프 턴을 연속으로 두 번 하는 것이다.

② 고급 응용 중간 턴 2

하프 턴과 백 턴을 응용한 동작이다. 무대 탑에서 포즈를 취한 후 백스테이지로 들어가다가 무대 중간에서 하프 턴과 백 턴을 이어서 한다.

③ 고급 응용 중간 턴 3

하프 턴, 트위스트 턴, 풀 턴을 응용한 동작이다. 무대 탑에서 포즈를 취한 후 백스테이지로 들어가다가 무대 중간에서 턴을 한다. 하프 턴과 트위스트 턴을 한 다음, 이어서 풀 턴을 연속으로 하면 된다.

CHAPTER 7

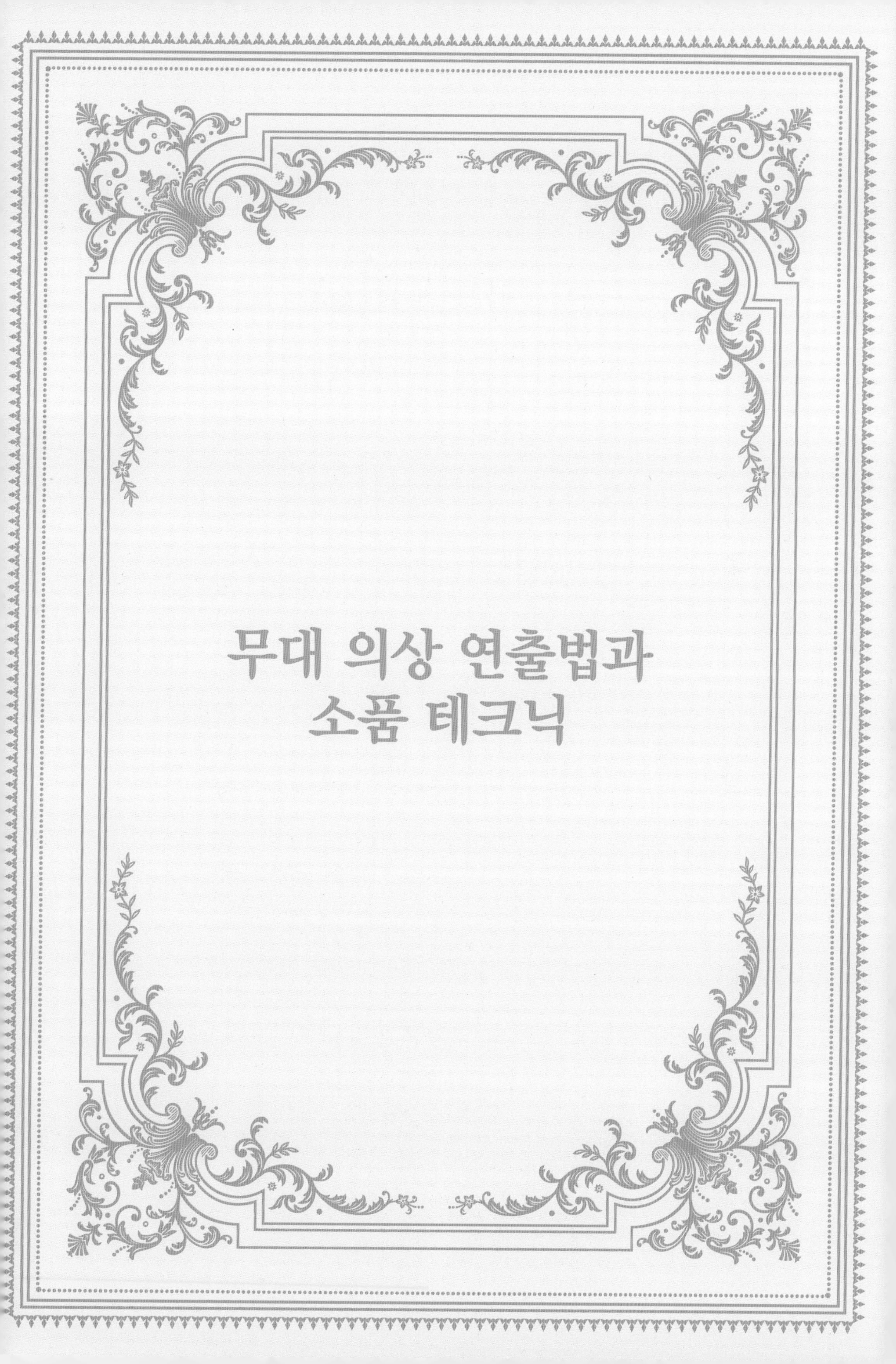

무대 의상 연출법과 소품 테크닉

CHAPTER
OVERVIEW

패션쇼에서는 의상뿐만 아니라 다양한 소품을 코디하거나 소품 자체를 돋보이게 연출해야 하는 경우가 있다. 고가의 주얼리나 시계, 브랜드 가방과 신발, 모자 등의 패션쇼에서 모델은 해당 상품의 이미지와 가치를 보는 사람에게 최대한 잘 전달해야 한다.

모델은 브랜드가 요구하는 콘셉트가 무엇인지 알고, 어떤 상품에 중점을 두는지 충분히 이해해야 한다. 이를 통해 연출자의 지시에 맞추어 시선, 표정, 손짓, 몸짓, 포즈와 같은 퍼포먼스로 최고의 연출을 보여주어야 한다.

주의할 점이 있다면, 소품이 의상의 일부로 사용되는 경우에는 소품을 너무 과하게 연출하지 말아야 한다는 것이다. 이 경우 소품은 의상의 이미지나 콘셉트를 훼손시켜서는 안 된다. 무리한 동작을 많이 하면 시선이 분산되어 패션쇼에 방해가 될 수 있으니 주의하도록 한다.

1

코트나 재킷을 이용한 연출

모델은 옷을 입고 벗으며 의상이 돋보이도록 연출할 수 있다. 모델이라면 코트나 재킷 연출법 정도는 기본적으로 숙지하고 있어야 한다. 화려한 무대에서 멋진 퍼포먼스를 보여준다면 패션 관계자와 관객에게 깊은 인상을 남길 것이다.

- 런웨이에서 코트나 재킷 단추를 오픈할 때, 윗단추부터 열면 옷의 맵시가 흐트러지므로 아랫단추부터 자연스럽게 풀어야 한다.
- 가슴 부위를 뒤로 젖히고 양쪽 견갑골을 살짝 붙이면서 팔을 등 뒤 대각선 밑으로 내리며 검지와 중지로 갈고리 모양을 만들면 옷이 자연스럽게 밑으로 내려오면서 재킷 뒤 목 부분 라벨이 갈고리 모양에 걸쳐진다. 이렇게 하면 옷을 벗을 때 스타일이 맵시 있게 떨어진다. 재킷을 벗을 때 안감이 딸려 나오거나 뒤집히는 일도 전혀 없다.
- 정리된 코트나 재킷을 접어 팔 위에 올려놓거나, 한쪽 어깨에 걸치면 세련된 스타일을 연출할 수 있다.
- 만약 재킷 소매가 좁거나 타이트하다면 오른손으로 왼쪽 팔의 소매 끝단을 잡아서 자연스럽게 빼준다.

Tip 자신감을 갖고 당당하게 움직여야 어색해 보이지 않는다.

런웨이에서
코트나 재킷을
이용한 연출

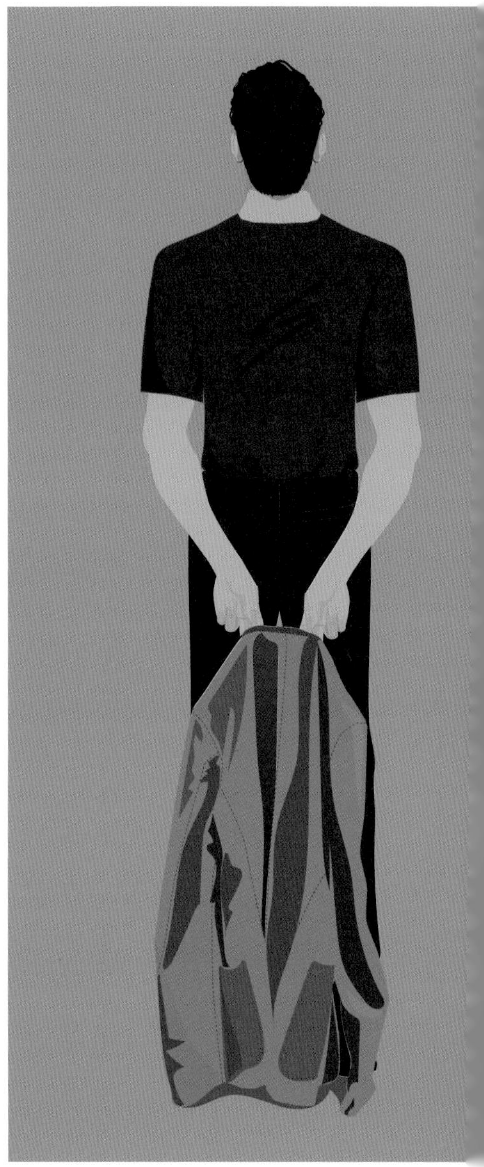

2 소품을 이용한 연출

1) 가방을 이용한 연출

패션쇼에서는 목적에 따라 가방을 연출하는 방법이 다르다. 가방이 주인공인지, 아니면 단순히 소품으로 사용되는 엑스트라인지에 따라 연출하는 방법이 달라지는 것이다. 가방 브랜드 광고, 가방을 위한 패션쇼에서는 가방이 돋보이도록 다양한 연출을 하여 관객의 시선을 사로잡아야 한다. 반면 가방이 컬렉션에서 사용되는 소품일 뿐이라면 스타일링을 돋보이게 하는 포인트로 연출한다. 여기서는 가방을 스타일링에 맞추어 우아하게 연출하는 테크닉을 익혀보도록 한다.

(1) 클러치백

클러치백을 우아한 느낌의 고급스러운 드레스에 맞게 드는 방법을 살펴본다. 먼저 손목에 힘을 풀고 엄지를 뺀 네 손가락 사이에 클러치백 가운데 윗부분을 가볍게 끼운다. 런웨이에서 클러치백 귀퉁이를 무심하게 잡고 워킹하면 시크한 매력을 세련되게 보여줄 수 있다. 여기에 반지(주얼리)나 네일아트로 포인트를 주면 주얼리와 백 모두 자연스럽게 드러낼 수 있다.

클러치백을
이용한 연출

(2) 숄더백

숄더백은 크게 한쪽 어깨에 걸치는 경우, 크로스로 메는 경우, 손목에 감는 경우의 세 가지 방법으로 연출된다. 세 가지 모두 가방에 스트랩이 달린 경우에 사용 가능하다.

최근에는 세 가지 방법 중에서 손목에 감는 방법이 가장 많이 이용되고 있다. 먼저 숄더백에 달려 있는 스트랩을 손목에 여러 번 돌돌 감은 후, 가방의 몸통을 잡아 연출한다. 스트랩을 두 번 정도 감고 손으로 잡은 후, 가방을 자연스럽게 바닥 쪽으로 내려 로맨틱하게 연출할 수도 있다.

런웨이에서 모델이 워킹을 할 때 시선을 끌기 위해 가방의 위치를 지나치게 자주 바꾸거나 크게 흔드는 것은 쇼에 방해가 되고 집중할 수 없게 만들기 때문에 되도록 하지 않는 것이 좋다. 만약 이러한 동작을 연출한다면 한 번 정도가 적당할 것이다. 스타일에 따라 이러한 동작을 적절히 연출하면 의상이 더욱 우아해 보일 수 있다.

숄더백을
이용한 연출

2) 모자를 이용한 연출

모자의 종류는 다양하다. 여기서는 페도라, 비니, 베레모와 같이 런웨이에 많이 등장하는 스타일의 모자를 선별하여 세련된 연출 방법을 알아보도록 한다.

(1) 페도라

페도라(Fedora)라는 명칭은 프랑스 극작가인 사르두(Sardou) 희곡 〈페도라〉의 주인공 이름에서 유래된 것이다. 이 모자는 클래식한 정장이나 예복에 격식과 품위를 갖춰 많이 사용하였고 흔히 '중절모'라고 한다. 가운데가 접혀 움푹하며 대부분 크라운 모양과 리본으로 장식되어있다. 런웨이에서 스타일리시해 보일 수 있는 모자이다.

워킹을 할 때 페도라를 멋지게 연출하기 위해서는 모자를 정직하게 똑바로 착용하기보다는 턱을 살짝 당기고 모자의 한쪽을 살짝 기울여서 한쪽 눈썹을 가려주면 얼굴이 작아 보이면서도 멋지게 연출할 수 있다.

페도라를
이용한 연출

(2) 비니

니트 캡(Knit cap)이라고도 불리는 비니(Beanie)는 머리에 딱 붙게 뒤집어쓰는 모자이다. 야외 활동이 잦거나 현장에서 일하는 사람들의 보온을 책임져주는 소품이기도 하다. 추운 겨울 일상에서부터 런웨이까지 어떤 룩에 매치해도 누구에게나 무난하게 잘 어울린다. 비니는 각자의 얼굴형에 따라 여러 가지 방법으로 스타일리시하게 연출할 수 있다.

- 두상 및 얼굴이 크고 얼굴에 각이 진 경우: 긴 생머리나 롱웨이브 헤어에 앞머리와 옆머리를 내려서 얼굴형을 가리며 연출한다. 머리카락을 살짝 옆으로 내려서 연출해도 얼굴형이 자연스럽게 커버된다.
- 얼굴형이 긴 경우: 비니를 2~3cm 정도 내리고 모자 끝부분을 말아 올려 시선을 분산시킨다. 긴 얼굴형의 단점을 보완할 수 있다.
- 얼굴과 두상 모두 작은 경우: 비니가 잘 어울리는 경우이다. 가릴 만한 단점이 없기 때문에 이마가 살짝 보이도록 모자를 뒤쪽으로 내리거나 혹은 앞쪽으로 내려서 써도 다 잘 어울린다. 여러 가지 헤어스타일과 선글라스 등 소품과 함께 스타일리시하게 연출하면 된다.

비니를
이용한 연출

(3) 베레모

베레모(béret帽)는 원래 군인을 상징하는 군용 모자였는데, 오늘날에는 패션아이템으로 많이 착용한다. 캐주얼부터 우아한 슈트, 드레스업한 스타일에 모두 잘 어울린다.

긴 역사를 지닌 베레모는, 1920년대에 가브리엘 샤넬(Gabrielle Chanel)이 여성용 모자로 만들면서 그 열풍이 시작되었다. 이후 구찌를 비롯한 여러 명품 브랜드가 앞다투어 런웨이에서 베레모를 선보였다. 베레모는 다음과 같은 방법으로 다양하게 연출할 수 있다.

- 베레모를 한쪽으로 살짝 기울여 쓰면 시크하게 연출할 수 있다.
- 긴 생머리에 약간의 웨이브가 더해져 있다면 한쪽 머리를 귀 뒤로 넘겨서 우아한 느낌으로 연출한다.
- 숏커트 헤어의 경우, 뒤통수의 2/3 지점까지 걸친다는 느낌으로 착용한다.
- 런웨이에서 모자를 쓴 상태로 머리를 너무 많이 흔들면 보는 사람의 시선이 흐트러질 수 있다.

베레모를 이용한 연출

얼굴형에 어울리는 모자 찾기

달걀형

어떤 모자든 다 어울린다. 그중에서도 예쁜 얼굴형을 강조해주는 비니가 잘 어울린다.

긴 얼굴형

푹 눌러쓰는 버킷햇이나 챙이 길고 낮은 볼캡, 페도라가 어울린다. 플로피햇은 피한다.

각진 얼굴형

챙이 둥글고 깊은 볼캡이나 챙이 넓고 둥근 플로피햇이 잘 어울린다.

둥근 얼굴형

챙이 넓고 큰 모자, 납작한 보터햇이나 머리 부분이 각 잡힌 베레모, 챙이 일자형인 스냅백이 잘 어울린다.

역삼각형

그림자가 덜 지는 챙이 짧고 낮은 모자, 페도라나 챙이 짧은 볼캡, 캠프캡, 밀짚모자 스타일의 스트로햇이 잘 어울린다.

3) 스카프를 이용한 연출

스카프(Scarf)는 길이와 스타일에 따라 다양한 연출이 가능하다. 롱스카프의 한쪽을 길게 늘어뜨려 목에 걸친 상태에서 반대쪽을 어깨 뒤로 넘기면 자연스러운 연출이 가능하다. 너비가 넓은 스카프는 손으로 살짝 주름을 잡아 볼륨을 만들어 목에 걸치고, 사이즈가 큰 스카프는 목에 여러 번 칭칭 감아 아래로 내릴 수 있다. 이외에도 스카프를 한쪽으로 여러 번 돌려서 짧게 매듭을 지으면 고급스러운 이미지를 연출할 수 있다.

런웨이에서는 스카프 길이와 소재의 고급스러움을 표현하기 위해 스카프가 자연스럽게 움직이도록 손가락 끝으로 잡거나 팔 동작을 이용한다. 워킹할 때 골반을 좌우로 살짝 흔들면서 우아하게 걸으면 스카프가 바람에 살랑살랑 자연스럽게 흔들린다. 스카프를 연출할 때 꼭 목에 두를 필요는 없다. 머리에 두건처럼 두르거나 머리끈으로 이용할 수도 있고, 벨트처럼 두르거나 손목에 감는 등 여러 가지 스타일리시한 연출 방법이 존재한다.

스카프를
이용한 연출 1

스카프를
이용한 연출 2

© FashionStock.com/Shutterstock.com

APPENDIX

중요 용어

ㄱ

개런티(Guarantee) 패션쇼, 광고 촬영 등 출연의 대가로 받는 금액

걷어 올리기(Raise Up) 런웨이에서 여러 명의 모델이 같이 콘티를 할 때 사용되는 용어. 선행 모델이 탑에서 포즈를 취하고 백으로 내려와 다시 탑으로 올라갈 때 1명 또는 여러 명의 후발 모델들을 걷어올려 합을 이루는 동작

ㄷ

더블 턴(Double turn) 하프 턴을 연속으로 두 번 하는 것

더블 풀 턴(Double Full turn) 풀 턴 동작을 연속으로 두 번 하는 것

드레스 리허설(Dress Rehearsal) 실제 패션쇼와 똑같은 상태에서 관객 없이 모든 모델이 의상을 착용하고 처음부터 끝까지 세부적인 사항을 맞추어보는 것

ㄹ

라이트 사이드라인(Right Side line) 센터를 중심으로 5개의 라인을 그었을 때 오른쪽 바깥쪽의 다섯 번째 라인

라이트 인사이드라인(Right in Side line) 센터를 중심으로 5개의 라인을 그었을 때 오른쪽 안쪽의 네 번째 라인

런웨이 동선 센터를 중심으로 양쪽을 각각 두 개씩, 즉 5개로 분할한 라인

런웨이(Runway) 패션쇼를 할 때, 모델들이 관객에게 패션디자이너 옷을 선보이기 위하여 워킹을 하는 길. 캣워크라고도 함

런지(Lunge) '돌진하다', '찌르다'라는 의미를 가진 운동. 대퇴사두근 강화, 대둔근 발달에 효과가 좋음

레프트 사이드라인(Left Side line) 센터를 중심으로 5개의 라인을 그었을 때 그중 왼쪽 바깥쪽의 첫 번째 라인

레프트 인사이드라인(Left Inside line) 센터를 중심으로 5개의 라인을 그었을 때 왼쪽 안쪽의 두 번째 라인

로맨틱(Romantic) 프랑스어의 '로망'이 어원으로 꿈과 사랑 낭만적인 느낌을 표현. 낭만적인 스타일의 인형 같은 레이스, 프릴 등 여성스러운 원피스 스타일을 의미

룩북(Look Book) 브랜드 또는 디자이너가 매 시즌 선보이는 패션스타일 경향과 관련된 제품 및 의상을 담은 책

리버스 플랭크(Reverse Plank) 뒤태 라인을 만들어주는 대표적인 운동. 특히 엉덩이 발달에 효과가 좋음

ㅁ

매니시(Mannish) '남자 같은', '남성 취향'을 의미

메인 모델(Main Model) 패션쇼, 광고, 작품 등에서 가장 중요하거나 대표적인 모델

모델(Model) '모범, 모형, 본보기' 등으로 대표가 될 만한 사람

모델 에이전시(Model Agency) 모델, 패션디자이너, 광고주, 클라이언트 등을 연결해주고 커미션을 받는 대행사

모델 포트폴리오(Model Portfolio) 패션쇼, 잡지, 화보, TV 광고 등에서 활동한 결과물을 담은 파일철

미니멀리즘(Minimalism) '최소한', '극소의'라는 뜻으로 장식과 디테일을 제거한 심플한 라인과 최소한의 옷 스타일

ㅂ

바로 인 백스테이지 로우에서 포즈 없이 바로 무대 탑으로 워킹하는 동작

백스테이지(Backstage) 스테이지 뒤쪽에 마련되어있는 의상을 갈아입는 공간

백 턴(Back turn) 무대 탑에서 5 : 5 기본 포즈를 취한 후 오른발을 3시 방향으로 놓고, 몸을 백 쪽으로 180° 회전시키며 동시에 왼발을 6시로 내딛으며 워킹 아웃

베이직 포스처(Basic Posture) 모델의 기본 자세

본 쇼(Main Reality Show) 런웨이, 캣워크, 패션위크, 크루즈 컬렉션, 캡슐 컬렉션 등에서 벌어지는 패션쇼

뷰티 모델(Beauty Model) 뷰티 관련 제품을 판매할 목적으로 메이크업이나 헤어에 맞춘 촬영을 하는 모델

브릿지(Bridge) 몸의 뒤쪽 근육을 단련시켜주는 운동. 척추기립근과 대둔근 강화에 효과가 좋음

ㅅ

샤넬 턴(Channel turn) 탑에서 포즈를 취한 뒤 1/2턴을 한 후, 다시 1/2턴을 한 후 잠시 2초 정도 포즈를 취하고, 오른쪽 방향으로 트위스트 턴을 하며 워킹 아웃

서브 모델(Serve Model) 메인 모델이 돋보일 수 있도록 옆에서 도와주는 모델

세계 4대 컬렉션 세계 패션계를 리드하는 파리, 런던, 뉴욕, 밀라노 컬렉션을 가리킴

센터라인(Center Line) 무대 정중앙을 가르는 라인. 센터를 중심으로 5개의 라인을 그었을 때 그중 세 번째 라인에 해당

센터분수(Center Fountain) 선행 모델이 백스테이지에서 센터까지 걸어서 나온 다음 탑으로 워킹한 후 무대 탑에서 포즈를 취하고 왼쪽으로 돌아 아웃하면, 그다음 모델은 반대로 턴 아웃하는 식으로 반대로 돌아 분수 모양으로 아웃하는 형태. 패션쇼의 피날레 때 사용되기도 함

센터 프론트(Center Front) 백스테이지 앞 중앙

슈퍼모델(Super Model) 1990년대 초반부터 등장하여 광고, 패션쇼,

패션 화보, 캠페인 광고 등에 등장하며 엄청난 수입과 인기를 얻은 패션 모델. 대중에게 인지도가 높은 모델들을 지칭함

스웨그 워킹(Swag Walking) 정석적인 워킹이 아니라 남의 시선을 의식하지 않고 자신만의 스타일로 편하게 걷는 워킹

스쿼트(Spuat) 복근과 척추 주변을 단련시켜주는 대표적인 하체 운동

스트레칭(Stretching) 신체 부위의 근육이나 인대, 건 등을 늘려주는 운동

스틸레토힐(Stiletto heel) 뒷굽이 얇고 높으며 뾰족한 여성 구두

스포트라이트(Spotlight) 메인 모델이나 특정 인물에게 집중이 되도록 집중해서 밝게 비추는 조명

스포티(Sporty) 경쾌하고 날렵한 역동성이 강한 에너지를 뜻함. 액티브한 활동성 및 기능성을 가미한 의상 스타일

스포팅(Spotting) 모델이 턴을 돌 때 한 지점에 타깃을 정하여 시선처리를 하는 것

시니어모델(Senior Model) 시니어와 모델의 합성어. 수명을 100세로 가정하고 55세 이상을 시니어모델로 분류하며, 40세 이상부터 55세 미만은 예비 시니어모델로 분류

시크 워킹(Chic Walking) 2000년대의 세련되고 절제된 워킹. 과장되지 않게 몸의 상체를 뒤로 활처럼 젖히고 다리를 쭉쭉 뻗음. 엣지 워킹(Edge Walking)이라고도 함

CF 모델(Commercial Film Model) 영상매체의 광고에 출연하는 모델

ㅇ

아웃(Out) 관객이 런웨이를 정면으로 바라봤을 때 오른쪽으로 들어가는 입구. 관객이 무대 정면을 바라봤을 때 오른쪽을 '하수'라고 함

안티에이징(Anti-Aging) 노화 방지

암전(Dark Change) 무대가 어두워진 상태

에디토리얼 모델(Editorial Model) 잡지에서 활동하는 모델
에스닉(Ethic) '민족', '민속의'라는 뜻으로 라틴어의 에스니커스와 그리스어의 에스니코스에서 유래된 단어. 중앙아시아 지방의 토속적이고 민속적인 스타일
에콜로지(Ecology) 천연, 자연소재, 원시적이고 토속적인 이미지 및 자연 생태계의 순수한 이미지
엑스 워킹(X-Walking) 고양이처럼 걷는다고 해서 '캣워크(Cat Walk)'라고도 함. 다리를 교차하면서 무릎을 높이 올려 골반을 밀어주고, 다리와 발에 힘을 주어 바닥에 세게 꽂으면서 워킹함
오트쿠튀르(Haute Couture) '고급 재봉'이란 뜻으로 일류 디자이너의 고급 주문 여성복을 의미. 판매가 목적이라기보다는 트렌드와 디자이너의 독창성, 능력을 보여주는 콘셉트의 예술성을 중시함
원 바이 원(One by One) 무대에서 모델이 개별로 한 명씩 워킹하는 방식
원 스텝 백 턴(One-Step Back turn) 무대 탑에서 포즈를 취한 후 왼쪽 발을 반 스텝 뒤로 놓고, 오른발은 3시 방향, 다음 왼발은 5시 방향으로 이동시키며 워킹하여 백에서 아웃하는 턴
인(In) 관객이 런웨이를 정면을 바라봤을 때 왼쪽에 나 있는 출구. 관객이 무대 정면을 바라봤을 때 왼쪽 부분을 '상수'라고 함
1자 워킹(Walk Straight) 무릎과 무릎을 스치게 하며 1자로 걷는 워킹

ㅈ

자기 자리(Moving Line) 무대에서 모델이 걸어야 하는 라인
중간 턴(Medium turn) 무대 중간에서 하는 턴

ㅋ

카탈로그 모델(Catalog Model) 선전과 판매가 주된 목적인 옷이나 패션제품을 촬영하여 제품 정보를 전달하는 책자의 모델

캠페인(Campaign) 유명 브랜드에서 광고, 사진, 영상, 화보 등 콘셉트에 맞게 모델을 캐스팅하여 지속적으로 선보이는 광고

캣워크(Cat Walk) 런웨이의 다른 이름으로 모델들이 마치 고양이처럼 걷는다고 해서 붙은 명칭

커플 워킹(Couple Walking) 남녀가 무대 위에서 같이 하는 워킹

컬렉션 턴(Collection turn) 무대 탑에서 포즈 없이 U자로 턴을 하는 것

컴카드(Composite Card) 모델의 생년월일, 사진, 키, 신체 사이즈, 연락처 등을 적어놓은 포트폴리오 카드

코어(Core) 몸의 중심

콘티(Continuity) 연출자가 패션쇼의 테마에 맞도록 모델의 위치 및 동작, 포즈, 소품, 액세서리 등을 정리하여 기록한 노트

콤비네이션 턴(Combination turn) 숙련된 모델들이 2~3가지 턴을 자연스럽게 연결시켜 하는 것

클래식(Classic) '고전적', '전통의'라는 뜻을 가진 단어로 로마 및 그리스 문학과 예술의 고전풍을 의미. 유행을 넘어선 전통적인 이미지

ㅌ

탑 턴(Top turn) 탑에서 멈춘 후 포즈를 잡고 정면을 강렬한 눈빛으로 응시한 후 백 턴으로 아웃하는 턴. 남성 모델이 강렬한 카리스마를 보여주기 좋음

탑 포즈(Top Pose) 무대 탑에 표시된 지점에서 포즈를 취하는 동작

탑(Top) 런웨이나 무대의 앞

테크니컬 리허설(Technical Rehearsal) 패션쇼 전반을 이루는 영상 장비, 조명, 음향 등을 포함한 기술적 측면과 쇼에 등장하는 모델 등에 문제가 없는지 점검

트위스트 턴(Twist turn) 트위스트를 추는 것 같다고 해서 붙은 명칭. 플로어에 두 발을 비비면서 돌기 때문에 비빔 턴이라고 함

ㅍ

파워 워킹(Power Walking) 80~90년대의 글래머러스한 여성미를 강조한 워킹

패션 컬렉션(Fashion Collection) 패션디자이너가 매 시즌 의상을 발표하는 장

패션모델(Fashion Model) 최신 유행의 의상이나 패션상품을 발표하고 고객 또는 구매자에게 워킹이나 포즈 등을 선보이는 사람

패션쇼 리허설(Fashion Show Rehearsal) 패션쇼에 앞서 모델의 동작과 포즈, 카메라 위치 등을 파악하고 콘티를 외우며 미리 연습해보는 것

패션위크(Fashion Week) 디자이너들이 1년에 두 번 S/S(봄, 여름), F/W(가을, 겨울) 작품을 발표하는 패션쇼가 집중되는 주간. S/S 패션쇼는 8~10월, F/W 패션쇼는 1~3월에 개최

페이드 아웃(Fade Out) 패션쇼가 끝날 때 마지막 모델이 백스테이지 센터 앞에 포즈를 취하고 서 있을 때, 혹은 바로 아웃할 때 조명이 점차 어두워지며 암전되는 것

페이드 인(Fade in) 패션쇼가 시작할 때 암전 상태에서 모델이 백스테이지 인(In)하여 센터에서 등장과 동시에 스탠바이 상태에서 서서히 조명이 밝아지는 형태

포즈 바로 아웃(Pose Fade Out) 모델이 런웨이에서 모든 동작을 마치고 백으로 내려와 센터 프론트에서 포즈를 취하지 않고 백스테이지로 아웃하는 동작

포즈 아웃(Pose Out) 모델이 런웨이에서 모든 동작을 마치고 백스테이지를 내려와 1~2초 정도 포즈를 취한 후 아웃하는 동작

포즈 인(Pose In) 모델이 백스테이지 센터 쪽으로 걸어 나와 3초 정도 포즈를 취한 후 무대 탑으로 워킹하는 동작

포토 존(Photo Zone) 일정 구역에 사진을 찍을 수 있도록 제공해놓은 자리

풀 턴(Full turn) 270° 회전하는 턴

프레타포르테(Pret-a-Porter) 오트쿠튀르와 함께 양대 패션 컬렉션으로 꼽힘. 오트쿠튀르와 반대로 대중성이 있고 비즈니스적인 성향이 강한 기성복을 다룸

프론트 로우(Front Row) 셀러브리티와 주요 매체 기자들이 앉아있는 패션쇼 관객석의 맨 앞줄

프리 폴(Pre Fall) F/W 컬렉션보다 앞서 선보이는 컬렉션

플랭크(Plank) 코어 근육을 단련하는 가장 기본적인 운동. 몸의 앞쪽을 강화해주기 때문에 요통이나 척추측만증에 효과가 좋음

피날레(Finale) 패션쇼의 마지막 부분

피팅 모델(Pitting Model) 판매를 목적으로 하는 옷이나, 신발, 장신구 등을 시범으로 입거나 착용하는 일을 전문으로 하는 모델

PP 턴(Pull & Push turn) 무대 탑에서 포즈를 취한 후 다리의 모션을 당기고 밀어주는 턴

ㅎ

하이패션 모델(High Fashion Model) 패션위크, 런웨이, 캣워크에 주로 서는 모델. 큰 키와 완벽한 비율, 독특한 개성을 가진 모델이 많음

하프 턴(Half Turn) 180° 도는 턴. 1/2턴, T-턴이라고도 함

항산화(Antioxidation) 노화에 따른 산화가 진행되는 것을 억제하거나 예방하는 것

헬퍼(Helper) 워킹 후 모델들이 다음 스테이지에 오르기 위해 의상을 입고 벗을 때 착용을 도와주는 사람. 그날의 의상 수에 따라 차이는 있으나 대략 1~2명 정도의 헬퍼가 패션쇼에 투입

홈쇼핑 모델(Home Shopping Model) 홈쇼핑 채널에서 소비자에게 판매할 목적으로 제작된 제품을 착용하거나 패션, 뷰티, 운동, 식품 등의 판매 시 방송에 출연하는 모델

활성산소(Reactive Oxygen Species) 영양소를 태워 에너지를 만들고, 우리 몸속에 남은 찌꺼기

힙 스윙(Hip Swing) 워킹할 때 골반을 좌우로 움직이는 동작

단행본

신혜순(2008). 한국패션 100년. 미술문화

논문

Lee, I-Min & Buchner, David(2008). The Importance of Walking of to Public Health. Medicine and science in sports and exercise. 40

기사

김광일(2018. 10. 2). [김광일 교수의 늙어도 늙지 않는 법] [10·끝] 늘 움직이고, 잘 먹고, 병원과 친해지세요. 헬스조선. Available from: http://health.chosun.com/site/data/html_dir/2018/10/01/2018100103336.html

민상식(2015. 8. 12). [슈퍼리치] 63세 할머니의 만삭 누드?…'아이언맨' 엘론 머스크의 '비범한 어머니'. 헤럴드경제. Available from: http://news.heraldcorp.com/view.php?ud=20150812000009&md=20150812173212_BL

박효순(2009. 10. 22). 25년 만에 모델로 다시 선 도신우 회장. 스포츠경향. Available from: http://sports.khan.co.kr/bizlife/sk_index.html?mcode=series&art_id=200910222021223&sec_id=560101#csidx7cd44f36db31e9fa34ba1a8ed7125a3

유재부(2015. 2. 5). [월드패션] 나이는 숫자에 불과한 할머니(?) 광고 모델 전성시대. 패션엔. Available from: https://blog.naver.com/fashionncom/220263499623

윤경희, 김경록(2015. 6. 17). [당신의 역사] 한국의 모델상 바꾼 '못생긴 톱 모델'. 중앙일보. Available from: https://news.joins.com/article/18040930

이종현(2017. 3. 24). 프레타포르테와 오트쿠튀르의 차이. 스포츠조선

장재훈(2017. 11. 19). 한국의 대표 모델서 교수로, 김동수의 이유있는 변신. 에듀프레스. Available from: http://www.edupress.kr/news/articleView.html?idxno=1453

주한별(2016. 7. 21). [모델과 시대](1) 모델 김동수, 런웨이에서 대학 강단까지… 그녀가 '모델계의 대모'라 불리는 이유. 스포츠Q. Available from: https://www.sportsq.co.kr/news/articleView.html?idxno=182499

홍국화(2018. 3. 30). 지금 당장 알아둬야 할 '인생 구두 굽 높이' 공식!. 보그코리아. Available from: http://www.vogue.co.kr/2018/03/30/%EC%A7%80%EA%B8%88-%EB%8B%B9%EC%9E%A5-%EC%95%8C%EC%95%84%EB%91%AC%EC%95%BC-%ED%95%A0-%EC%9D%B8%EC%83%9D-%EA%B5%AC%EB%91%90-%EA%B5%BD-%EB%86%92%EC%9D%B4-%EA%B3%B5%EC%8B%9D/

블로그 & 웹사이트

김정미(n.d). 한국 런웨이의 선구자들(패션쇼). 행정안전부 국가기록원. Available from: http://theme.archives.go.kr/next/koreaOfRecord/fashionShow.do

박리디아(2017. 9. 8). [대한민국 최고예술가 100] 28. 모델 김동수 "패션모델도 '예술가' 맞다", 문화뉴스 블로그. Available from: https://m.post.naver.com/viewer/postView.nhn?volumeNo=9502854&memberNo=22517376

신혜나(2015. 2. 25). [럭셔리트렌드] 명품 브랜드에 '할머니 모델' 뜬다. Available from: http://blog.naver.com/PostView.nhn?blogId=stonebrand&logNo=220283236295

두산백과 http://www.doopedia.co.kr

패션넷코리아 http://www.FashionNetKorea.com

패션붑 https://www.fashionboop.com/1229

한국현대의상박물관 http://www.kmmc.or.kr

저자

주윤(유경빈) _ JU YOON

동덕여자대학교 대학원 모델과 석사, 패션미디어&스타일링 박사 과정을 진행 중이다. 주요 논문으로는 〈시니어모델교육 참여동기가 주관적 행복감 및 삶의 질에 미치는 영향〉이 있다. 30여 년간 프로 모델로 활동하면서 〈Esquire〉, 〈GQ〉, 〈Arena Homme〉 등의 매거진과 패션쇼에 등장하였고, 방송 활동 및 쇼 연출, 크레에이티브 디렉터 등으로도 활약하였다. 이러한 활동의 결과로 아시아모델협회 Top Model, 아시아 패션 어워드 Top Model, LUXURY BRAND MODEL AWARDS 라이징 스타상을 받기도 했다.

현재 (사)아시아시니어모델협회 회장, 이화여자대학교 글로벌미래평생교육원 시니어모델 양성과정 주임교수, 한국모델콘텐츠학회 이사를 맡고 있다.

일러스트레이터

이수민 _ LEE SUE MIN

동덕여자대학교 의상디자인과를 졸업하고, 홍익대학교 대학원에서 의상디자인을 전공, 동덕여자대학교 대학원에서 패션학과 박사 학위를 받았다. 학창 시절부터 각종 패션 일러스트레이션 및 디자인 공모전에서 입상하면서 패션디자인에 두각을 보이기 시작하였고, 개인 전시와 단체 전시를 통해 자신만의 독특한 스타일을 보여주는 감각적인 일러스트레이션을 선보여왔다.

현재 대학교 디자인학과에서 강의하며 일러스트레이터로 활동 중이다.

시니어모델 워킹 바이블

패션모델처럼 **걷고 입고 생각**하는 법

2020년 10월 30일 초판 인쇄
2020년 11월 6일 초판 발행

지은이 주윤(유경빈)
일러스트 이수민
일러스트 어시스턴트 김보람
펴낸이 류원식
펴낸곳 **교문사**
편집팀장 모은영
책임진행 이정화
표지디자인 신나리
본문디자인 · 편집 디자인이투이

주소 (10881) 경기도 파주시 문발로 116
전화 031-955-6111
팩스 031-955-0955
홈페이지 www.gyomoon.com
E-mail genie@gyomoon.com
등록번호 1960. 10. 28. 제406-2006-000035호
ISBN 978-89-363-2098-0 (03590)
값 28,000원

저자와의 협의하에 인지를 생략합니다.
잘못된 책은 바꿔 드립니다.